木质重组材料学 系列丛

U0215548

中国重组材料图谱

于文吉　张亚慧◎著

中国林业出版社

图书在版编目（CIP）数据

中国重组材料图谱 / 于文吉，张亚慧著. -- 北京：
中国林业出版社, 2024. 11. -- (木质重组材料学系列丛
书). -- ISBN 978-7-5219-2994-2

Ⅰ. TB332-64

中国国家版本馆CIP数据核字第20249K6Y19号

责任编辑：杜娟　李鹏

装帧设计：北京八度出版服务机构

————————————————

出版发行：中国林业出版社

　　（100009，北京市西城区刘海胡同 7 号，电话 83223120）

电子邮箱：cfphzbs@163.com

网址：https://www.cfph.net

印刷：河北京平诚乾印刷有限公司

版次：2024 年 11 月第 1 版

印次：2024 年 11 月第 1 次

开本：787 mm×1092 mm　1/16

印张：8

字数：145 千字

定价：98. 00 元

前言

　　木质复合材料是我国木材工业的重点发展领域，主要包括纤维板、刨花板和胶合板等三大板材种类，木质复合材料作为四大建筑材料中仅有的可再生、可自然降解的理想环境材料，是经济建设和人民生活不可缺少的重要绿色资源，也是我国目前实施的"双碳"战略的重要抓手之一。然而，经过近20年的快速发展，该行业目前面临优质资源短缺、材料和制品的性能不高、国际竞争力偏弱等难题，已经不能满足市场对高性能木质复合材料的巨大需求。如何将我国丰富的人工林木竹材资源应用于木质复合材料，进而开发出具有高性能和高附加值的木质复合材料并拓展其新的应用领域，已经成为林产加工领域的研究新热点。

　　高性能重组材料作为人工林木竹材的实木化、高值化先进制造的新增长点，它弥补了人工林木竹材径级小、材质软、强度低和材质不均等缺陷，具有性能可控、结构可设计、规格可调等特点，可实现小材大用、劣材优用，性能媲美优质硬阔叶材。重组材料对人工林木竹材具有广谱适应性，并基于木竹材自身组织构造呈现多样性，这也为产品的系列化设计与制造提供了基础。

　　为了科学地、系统地梳理重组材料的性能、纹理等工程技术问题。本书首先对重组材料的研发历程、制造工艺和应用领域进行了简述，在此基础上，重点梳理了24种木材及其重组材料以及24种竹材及其重组材料的性能，进而对其应用领域和典型案例进行了介绍。全书共分3章14节，核心章节的内容包括重组材料的简介、重组木性能特征与应用案例、重组竹性能特征与应用案例。本书科学、系统地表征了重组材料的性能特征和花纹图谱，详尽、全面地回答了基于木竹材构造差异对重组材料的性能和纹理产生的影响等问题，并采用图谱的形式呈现，以图文对照的方式阐述了重组材料的纹理，旨在为学界和业界今后更科学地把握、理解重组材料性能特征，以及更高效、规范地使用重组材料提供参考。

本书填补了我国木材科学与技术学科重组材料专业领域的空白，为木竹材加工业（如景观园林、建筑结构、家具装饰等产业）提供了规范性技术资料，同时也是木材科学与技术本科教学，以及其他相关学科研究生培养的基础性研究参考资料。本书可作为从事木竹重组材料产品生产、质量检测、贸易检验等工程技术人员的工具书，也可以作为林业、木材、园林和建筑相关专业教师、学生、爱好者的参考资料。

本书内容是中国林业科学研究院木材工业研究所人造板与胶黏剂团队多年来关于我国高性能木质重组材料关键技术开发、重组材料定型定量评价系统构建的研究成果总结，并得到了"十四五"国家重点研发课题（2021YFD2200601）、国家自然科学基金项目（32171886）、中央级公益性科研院所基本科研业务费专项资金（CAFYBB2021ZX001、CAFYBB2023QB008）、林业和草原科技成果国家级推广项目（2023133130）的资助，特此感谢！

鉴于作者学识水平有限，书中难免有谬误之处，敬请读者批评指正。

于文吉　张亚慧

2024年9月

◎ 术语与缩写

静曲强度——Modulus of Rupture, MOR

弹性模量——Modulus of Elasticity, MOE

压缩强度——Compression Strength, CS

水平剪切强度——Horizontal Shear Strength, HSS

吸水厚度膨胀率——Thickness Swelling Ratio, TSR

吸水宽度膨胀率——Width Swelling Rotio, WSR

目录

◎ 1 重组材料概述

1.1 重组材料的定义 //002

1.2 重组材料的发展历程 //002

1.3 重组材料的单元 //004

1.4 重组材料的制造工艺 //004

1.5 重组材料的应用领域 //006

◎ 2 重组木图谱

2.1 外观与性能 //008

2.1.1 针叶材 //008

（1）落叶松 //008

（2）辐射松 //009

（3）银杏 //010

（4）柏木 //011

（5）杉木 //012

2.1.2　阔叶材　// 013

（1）杨木　// 013

（2）桉木　// 014

（3）泡桐　// 015

（4）橡胶木　// 016

（5）青皮木　// 017

（6）红椿　// 018

（7）刺槐　// 019

（8）木荷　// 020

（9）香樟　// 021

（10）枫香　// 022

（11）鹅掌　// 023

（12）火力楠　// 024

（13）白丝栎　// 025

（14）椿木　// 026

（15）枫木　// 027

（16）沙柳　// 028

（17）旱柳　// 029

（18）星柳　// 030

（19）栓皮栎　// 031

2.2　不同树种重组木产品性能对比　// 032

2.3　微观结构和表观材性　// 033

2.3.1　微观结构　// 033

2.3.2　表观材性　// 033

2.4　应用案例　// 034

参考文献　// 054

◎ 3 重组竹图谱

3.1 纤维化竹单板 // 056

3.2 原竹种类及其制备的重组竹性能 // 057

3.2.1 散生竹 // 057

（1）毛竹 // 057

（2）寿竹 // 059

（3）红壳竹 // 060

（4）白夹竹 // 061

（5）刚竹 // 062

（6）雷竹 // 063

（7）淡竹 // 064

（8）茶秆竹 // 065

3.2.2 丛生竹 // 066

（1）慈竹 // 066

（2）梁山慈竹 // 067

（3）麻竹 // 068

（4）粉单竹 // 069

（5）巨龙竹 // 070

（6）云南甜竹 // 071

（7）小叶龙竹 // 072

（8）吊丝球竹 // 073

（9）白节勒竹 // 074

（10）缅竹 // 075

（11）龙竹 // 076

（12）毛龙竹 // 077

（13）黄金竹 // 078

（14）绿竹 // 079

（15）撑绿竹 // 080

（16）青皮竹 // 081

3.3   不同竹种重组竹产品性能对比   // 082

3.4   重组竹产品外观   // 083

　　3.4.1   颜色控制   // 083

　　3.4.2   表面纹理   // 084

　　3.4.3   规格尺寸   // 085

　　3.4.4   密度   // 087

3.5   应用实例   // 088

参考文献   // 115

后　记   // 116

1

重组材料概述

1.1 ▸ 重组材料的定义

《博雅》记载："重，再也，又难也。"《注》如淳曰："重，难也，又贵也。"《诗经·鄘风·士筵》记载："素丝组之；《注》组，织组也。"重组是指通过重新组织现有要素以创造出新的结构、形式或组成，是技术变革和组织创新的重要形式，并作为一种新型的技术手段成为国际科学和产业前沿研究的一大热门被应用于各领域。在生物领域，包括广义的基因型变化交流和狭义的DNA断裂 – 复合基因交流，意义在于多样化的基因组合、促进生物进化以及在育种和基因工程中的应用；在化学领域，将不同化学物质或分子通过化学反应或合成新的化合物或材料，为原料创新和产品研发打开了新视野；在计算机领域，通过代码重构、优化算法或架构革新实现性能优化、算法简化或其他目标；在金融领域，重点通过对企业财务结构和业务结构的调整，实现盈利能力和市场竞争力的提高。综上所述，重组作为广泛领域的革新概念，是一种创造性的过程，促进了各领域的技术创新和科技进步。

重组在木质材料领域，从广义上讲，多维多尺度木质单元重新组合的成型制备，都叫作重组，如"三大素"（纤维素、半纤维素、木质素）重构形成的分子尺度重组，纤维单元成型的微米级尺度重组，刨花单元成型的毫米级尺度重组，纤维化单元成型的厘米级尺度重组。而狭义的重组是以木/竹纤维化单板为构成单元，按顺纹方向组坯，经热压（或冷压热固化）胶合成型制备，其具有性能可调控、结构可设计、尺寸可调整等特性，是实现人工木竹材实木化、高值化、高效利用的有效途径之一，已成为我国木材加工产业的转型升级产品之一。

重组材料作为一种新型的复合材料，其具备复合材料的结构可设计性，同时又区别于复合材料。重组材料各组分之间没有明显的界面层存在，整体组元在湿热和高压的条件下完成压缩和固化成型，构筑了覆盖单元表面的不规则厘米级主胶合界面、浸润单元裂纹裂隙的毫米级次级胶合界面、附着导管及薄壁细胞腔体的微米级微观界面和渗透薄壁细胞壁层形成分子作用的纳米级超微观界面，最终形成具有天然木竹材纹理的新型材料。

1.2 ▸ 重组材料的发展历程

传统重组木是1973年由澳大利亚联邦科学与工业研究院的科学家John Douglas Coleman率先提出，他以小径级劣质木材、间伐材和枝桠材为原料，经辗搓设备加工成横向不断裂、纵向松散且相连的木束，并以木束为基本单元，设计和开发出一种类似天然木材的产品。由于其性能指标接近或超过原有木材，曾引起世界人造板行业的极大轰动。但由于传统重组木无法精确控制木材的疏解度，导致最终产品易变形，一直无法实现大规模产业化生产，后续相关科研人员、学者和企业继续进行重组木及其产业化的研究，但长期未取得突破性进展。

20世纪90年代末，我国相关企业基于竹窗帘废丝利用进行树脂浸渍模压开发了重组竹产品，后期重组单元制备技术逐渐升级为机械碾压竹条的方式。重组竹产品由于具有竹材自然优雅的纹理，得到了国内外消费者的青睐，生产规模呈迅速扩大之势。但是，重组竹产品还有一些技术问题亟待解决，如无法利用竹青、竹黄，浸渍胶黏剂不均匀易引起跳丝，密度不均导致板材瓦状变形及开裂，密度大导致产品生产成本高，其质量还不能满足室外用产品的要求等。

21世纪初，中国林业科学研究院木材工业研究所与相关单位联合攻关，开发了竹材可控分离、竹材单板化展平、竹材增强单元导入以及组元重组胶合等多项技术，完成了新型竹质重组材料的开发，解决了竹材青黄难以胶合的技术难题，突破了竹材加工利用的径级限制难题，将竹材一次利用率从50%左右提高到90%以上，并将竹质重组材料的应用从室内地板、家具、水泥模板等拓展到风电叶片、户外景观、建筑结构等产品及行业。目前，国内有100多家重组竹企业，年产能约为100万 m^3，每年可利用近300万 t原竹。

中国林业科学研究院木材工业研究所在继承和吸收传统重组木、重组竹和新型重组竹成功产业化经验与教训的基础上，率先提出了先制备纤维化单板后重组的新型重组木技术方案，即将原木旋切成单板，然后对其进行纤维化处理，以纤维化单板为基本单元，制成新型高性能重组木。在此基础上，该技术经过多年的深入研究和联合攻关，于2014年成功实现了新型高性能重组木的大规模产业化生产，陆续在山东、江苏等地完成了新型高性能重组木生产线的建设，累计年产能为10万 m^3。

现阶段，木质重组材料生产技术是我国拥有自主知识产权并已成功实现产业化推广的一项新技术，这项技术克服了人工林速生材径级小、材质轻软、强度低等缺陷，产品具有高强度、高尺寸稳定性和高耐候性等特点，如静曲强度可达到364 MPa；拉－压疲劳寿命可达到 3.96×10^6 次（最大加载强度为90 MPa）；重组竹的耐候性和尺寸稳定性等得到了极大的改善，如28 h循环处理后（沸水煮4 h—干燥20 h—再沸水煮4 h）的吸水厚度膨胀率小于2.7%，吸水宽度膨胀率小于0.4%；防腐性能达到强耐腐等级。同时，产品对不同木竹材具有广谱适应性，目前，已完成了杨木、落叶松、桉木、杉木、泡桐、橡胶木、柳木等24种人工林木材，以及毛竹、慈竹、白夹竹、寿竹、刚竹、红壳竹、麻竹、粉单竹等24种竹材的重组木产品的适应性制备，不同木竹材解剖结构的区别导致材料性能差异化。

1.3 重组材料的单元

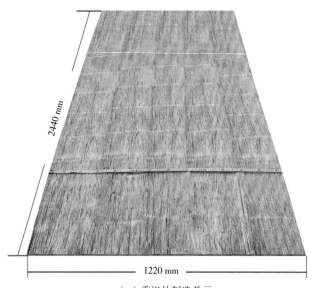

（a）重组竹制造单元　　　　　　　（b）重组木制造单元

图1-1　重组材料的单元

重组材料区别于其他木竹人造板的显著特征在于其单元形式（图1-1）。重组单元通常是以人工林木材、竹材和灌木等生物质资源为原料，采用机械碾压调控手段对生物质资源相关细胞形态进行破坏和分离，形成以纤维化单板为基本单元，为后续重组成型提供材料基础，并有利于树脂在重组单元中渗透形成神经网络状的胶合界面，从而赋予重组材料优异的机械性能。

1.4 重组材料的制造工艺

重组材料的制造工艺是其优越性能的基础，经过精心设计的步骤和工序，确保了最终产品的高强度、高耐候性、高尺寸稳定性以及高环保性等特点，主要工艺流程包括重组单元制备（旋切、疏解工艺、单元热处理）、浸渍干燥和成型制备等环节（图1-2）。

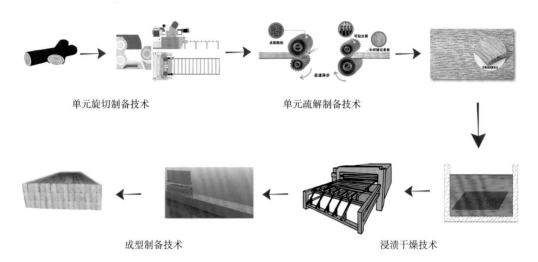

单元旋切制备技术　　　　　　　　单元疏解制备技术

成型制备技术　　　　　　　　浸渍干燥技术

（a）重组木主要制备工艺流程图

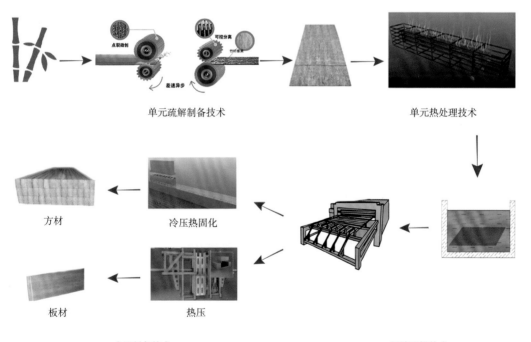

单元疏解制备技术　　　　　　　　单元热处理技术

方材

冷压热固化

板材

热压

成型制备技术　　　　　　　　浸渍干燥技术

（b）重组竹主要制备工艺流程图

图1-2　重组材料的制造工艺

1.5 重组材料的应用领域

重组材料以其优越的性能和环保特性，在各个领域都有广泛的应用。以下是常见的重组材料应用领域。

（1）建筑结构材料：重组材料的高强度、轻质以及良好的耐久性，使其成为制造建筑框架、梁柱和支撑结构的优质选项。在大跨度建筑和复杂结构设计中，重组材料的使用可以构造更加创新的建筑形态，同时降低结构的自重，提高整体性能。

（2）家具制造：重组材料的强重比高和可塑性使其成为制造家具的理想选择。轻便耐用的家具、创意性的设计以及多样性的外观都是其应用领域的亮点。

（3）室内装修：重组材料具有天然竹、木材用于墙面、地板等室内装修，创造出自然、温馨的室内环境。

（4）艺术品和工艺品制作：重组材料的可塑性为艺术家和工匠们提供了创作的广阔空间，从而制作出独特的艺术品和工艺品。

（5）交通设施：重组材料的高强度和高耐候性，使其成为交通护栏、铁路轨枕等产品的理想建造材料。

（6）海洋工程：因其具备耐水性和高强度的特点，可用于岛礁建筑、防波堤、码头等海洋工程项目。

（7）船舶制造：因其具备轻质、耐腐蚀性和耐盐性的特点，可用于船体结构、甲板和船舱内部等部位。

（8）能源领域：可用于制作风力发电叶片等，提升可再生能源设施工作效率。

2

重组木图谱

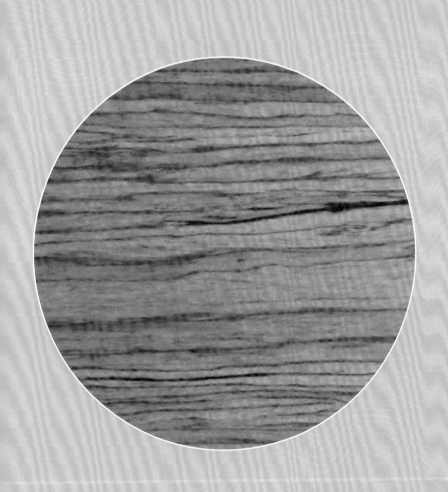

2.1 ▸ 外观与性能

重组木是以人工林木材、灌木等为主要原材料，采用纤维定向分离技术制备重组单元，经树脂浸渍、干燥和成型压制而成的一种材料，具有优越的力学性能和环保性能，可与优质的硬阔叶材媲美。同时，在重组过程中，原木的自然纹理与新的重组花纹有机结合，形成了重组木和谐又独特的新花纹。

2.1.1　针叶材

(1) 落叶松

▶ **原木**

【形态特征】落叶松 *Larix gmelinii* (Rupr.) Kuzen.，松科落叶松属乔木（图2-1），边材淡黄色，心材黄褐色至红褐色，纹理直，略有松脂气味。主要品种有兴安落叶松、长白落叶松、华北落叶松、日本落叶松和朝鲜落叶松。

【分布地区】中国东北大兴安岭、小兴安岭等地。

图2-1　落叶松

【材性特征】[1]密度：0.50～0.70 g/cm³。MOR：83～114 MPa。MOE：10.4～13.5 GPa。CS：42～60 MPa。硬度中等，易加工，干燥易开裂，耐腐性较强，抗虫性中等，防腐处理略难。

▶ **重组产品**

【落叶松重组木性能】密度：0.90～1.15 g/cm³。MOR：100～150 MPa。MOE：17.00～24.50 GPa。CS：72～116 MPa。HSS：9.87～13.75 MPa。TSR：7.54%～15.79%。WSR：3.48%～6.76%。

【重组纹理特征】红棕色至黄褐色，重组条状渍纹较模糊，直纹理与斜纹理相结合，光泽暗（图2-2）。

图2-2　落叶松重组木

★ 落叶松图片引自中国植物图像库，https://ppbc.iplant.cn/tu/1419784，ID：1419784，李光敏拍摄。

(2) 辐射松

▶ 原木

【形态特征】辐射松，即蒙达利松 *Pinups radiata* D. Don，松科松属常绿乔木（图2-3），生长轮明显，早晚材急变，心边材区别略明显，木材色泽柔和，略有松脂气味。

图2-3 辐射松

【分布地区】原产于美国加利福尼亚的蒙特雷和墨西哥，澳大利亚、新西兰、智利、南非和西班牙等国有广泛引种，中国湖南、浙江、江西等地也有引种。

【材性特征】密度：0.38～0.45 g/cm^3。MOR：43～52 MPa。MOE：7.9～9.1 GPa。木材轻、软、易裂，握钉力较强，结构均匀，可供建筑和做箱板等用。

▶ 重组产品

【辐射松重组木性能】[2-4]

密度：0.90～1.25 g/cm^3。

MOR：100～134 MPa。

MOE：14.18～17.14 GPa。

CS：83～120 MPa。

HSS：9.56～21.97 MPa。

TSR：5.40%～9.17%。

WSR：0.84%～1.67%。

【重组纹理特征】

图2-4 辐射松重组木

整体呈绿褐色，保留辐射松原木涡状花纹和不完整节子，形成类似鸟眼的圆形花纹；重组产生新的条状纹理（图2-4）。

★ 辐射松图片引自视觉中国，https://www.vcg.com/creative/1414766689，
ID：VCG41N1441764187，Javier Fernández Sánchez/Getty Creative 拍摄。

（3）银杏

▶ 原木

【形态特征】银杏 *Ginkgo biloba* L.，银杏科银杏属乔木（图2-5），高可达40 m，胸径可达4 m，系中国特产。无天然树脂道，具有苦杏仁气味，心边材区别明显，心材浅红色，边材黄白色，生长轮略明显，早材到晚材缓变，纹理直。

【分布地区】中国银杏的栽培区甚广，以江苏居多。

图2-5 银杏

【材性特征】密度：0.45～0.48 g/cm³。MOR：68～88 MPa。MOE：7.9～10.7 GPa。CS：34～48 MPa。干缩率小，硬度中等，干燥不易开裂变形，耐腐性强，抗虫性中等，易加工。

▶ 重组产品

【银杏重组木性能】

密度：0.80～1.35 g/cm³。

MOR：125～215 MPa。

MOE：11.21～16.07 GPa。

CS：98～122 MPa。

HSS：21.1～24.4 MPa。

TSR：6.24%～21.95%。

WSR：0.33%～1.90%。

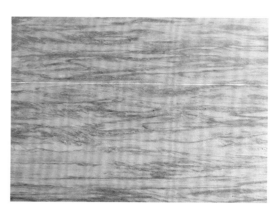

图2-6 银杏重组木

【重组纹理特征】

淡黄色至黄褐色过渡，重组产品颜色相比于原木明显加深，形成交错多变的花纹，结构均匀（图2-6）。

（4）柏木

▶ 原木

【形态特征】柏木 *Cupressus funebris* Endl.，柏科柏木属乔木（图2-7），树形高大，树皮淡褐灰色。

【分布地区】集中分布于中国浙江杭州、台州、衢州这3个地区。

【材性特征】密度：0.45～0.60 g/cm³。MOR：78～85 MPa。MOE：7.3～9.8 GPa。干缩率小，干燥不易开裂变形，极耐腐，抗虫性强，易加工，切削面光洁，油漆后光亮性好。

图2-7 柏木

▶ 重组产品

【柏木重组木性能】[5-6]

密度：0.90～1.10 g/cm³。

MOR：96～126 MPa。

MOE：10.1～10.2 GPa。

HSS：13.5～17.05 MPa。

TSR：12.5%～22.0%。

WSR：2.5%～3.5%。

【重组纹理特征】

图2-8 柏木重组木

柏木重组后未见明显的节子，纹理变直，红棕色重组纹与柏木原色不规则交错，颜色丰富，质地均匀（图2-8）。

★ 柏木图片引自中国植物图像库，https://ppbc.iplant.cn/tu/18106233，ID：18106233，李策宏拍摄。

(5) 杉木

▶ 原木

【形态特征】杉木 *Cunninghamia lanceolata* (Lamb.) Hook，柏科杉木属（图2-9），常绿乔木，高可达30 m，木材黄白色，有时心材带淡红褐色，有香气，纹理直。主要品种有油杉、灰杉、线杉。

【分布地区】中国长江以南地区。

【材性特征】密度：$0.32 \sim 0.42$ g/cm^3。MOR：$54 \sim 69$ MPa。MOE：$5.80 \sim 7.99$ GPa。CS：$35 \sim 51$ MPa。材质较软，易加工，耐腐性中等。

图2-9　杉木

▶ 重组产品

【杉木重组木性能】

密度：$0.85 \sim 1.10$ g/cm^3。

MOR：$90 \sim 125$ MPa。

MOE：$9.5 \sim 12.5$ GPa。

CS：$85 \sim 105$ MPa。

HSS：$12.8 \sim 16.5$ MPa。

TSR：$7.5\% \sim 22.0\%$。

WSR：$2.0\% \sim 3.5\%$。

图2-10　杉木重组木

【重组纹理特征】

花纹主要在重组后形成，重组渍纹明显，颜色呈紫色至黑色，原木早晚材纹理可见（图2-10）。

★ 杉木图片引自中国植物图像库，https://ppbc.iplant.cn/tu/1021379，ID：1021379，李光敏拍摄。

2.1.2　阔叶材

（1）杨木

▶ 原木

【形态特征】杨木 *Populus* L.，杨柳科杨属落叶乔木（图2-11），树干通常端直，树皮光滑或纵裂，常为灰白色。主要品种有青杨、白杨、黑杨、胡杨、大叶杨等。

【分布地区】中国华中、华北、西北、东北等地区。

【材性特征】密度：0.35～0.48 g/cm³。MOR：55～85 MPa。MOE：5.53～11.17 GPa。CS：30～44 MPa。纤维结构疏松、材质较差。大径级杨木主要用于生产胶合板、单板层积材、家具；小径级杨木用于生产纤维板、刨花板和造纸等。

图2-11　杨木

▶ 重组产品

【杨木重组木性能】[7-10]

密度：0.75～1.20 g/cm³。

MOR：100～165 MPa。

MOE：14.70～21.50 GPa。

CS：88～115 MPa。

HSS：10.40～20.67 MPa。

TSR：6.50%～11.83%。

WSR：0.45%～3.79%。

【重组纹理特征】

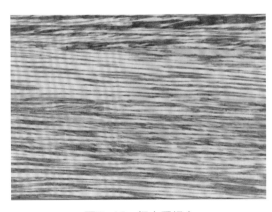

图2-12　杨木重组木

颜色呈黄色至黄褐色，保留原木部分节子，重组形成新的条状和带状纹理，同时伴随不规则交错纹理，有略明显且较细的重组渍纹（图2-12）。

（2）桉木

▶ 原木

【形态特征】桉木 *Eucalyptus* spp.，又称尤加利木，桃金娘科桉属（图2-13），常绿乔木，种类繁多，约1000余种。干形通直，边材部分为黄白色，与心材区别明显，心材为红褐色。

【分布地区】原产地澳大利亚、新几内亚岛、印度尼西亚以及菲律宾群岛，中国产区主要分布在广西、福建、云南和广东等地。

图2-13　桉木

【材性特征】密度：0.49～0.54 g/cm^3。MOR：58～89 MPa。MOE：5.7～9.4 GPa。CS：40～55 MPa。材质疏松、易开裂。

▶ 重组产品

【桉木重组木性能】[11-13]

密度：0.80～1.15 g/cm^3。

MOR：115～185 MPa。

MOE：16.53～24.32 GPa。

CS：98～150 MPa。

HSS：10.22～16.77 MPa。

TSR：8.50%～15.00%。

WSR：1.65%～3.20%。

【重组纹理特征】

图2-14　桉木重组木

颜色较原木更深，纹理更丰富，保留桉树原木较完整的节子，轮界纹理更清晰，重组后可形成直而细的条状纹理（图2-14）。

★ 桉木图片引自中国植物图像库，https://ppbc.iplant.cn/tu/16196519，ID：16196519，曾商春拍摄。

（3）泡桐

▶ 原木

【形态特征】泡桐*Paulownia fortunei* (Seem.) Hemsl.，别名白花泡桐、大果泡桐、空桐木等，玄参科泡桐属乔木（图2-15），皮灰色、灰褐色或灰黑色。生长轮明显，心边材区别明显，心材黑色，边材灰白色，纹理直，花纹美观。

【分布地区】中国西南、华南、华北等地区。

图2-15　泡桐

【材性特征】密度：0.25～0.30 g/cm³。MOR：28～47 MPa。MOE：14.12～6.18 GPa。干缩率中等，硬度小，易加工，用于高级乐器、室内装饰、家具等。

▶ 重组产品

【泡桐重组木性能】[10]

密度：0.65～1.05 g/cm³。

MOR：68～128 MPa。

MOE：10.00～15.93 GPa。

CS：61～86 MPa。

HSS：8.37～14.12 MPa。

TSR：7.46%～16.53%。

WSR：1.12%～3.07%。

图2-16　泡桐重组木

【重组纹理特征】

橙黄色为主，条纹之间过渡缓和，成片纹理中含有缭绕花纹，有起伏感（图2-16）。

★ 泡桐图片引自中国植物图像库，https://ppbc.iplant.cn/tu/5004380，ID：5004380，周建军拍摄。

（4）橡胶木

▶ 原木

【形态特征】[14]橡胶木 *Hevea brasiliensis* (Willd. ex A. Juss.) Müll. Arg.，大戟科橡胶树属乔木（图2-17），心材乳黄色，或至浅黄褐色，与边材区别不明显，生长轮略明显，纹理斜，木质较硬，呈浅黄褐色，生长轮明显。

【分布地区】原产于巴西，于1906年引入中国云南，现主要产于海南岛和云南西双版纳。

图2-17　橡胶木

【材性特征】密度：0.56～0.72 g/cm³。MOR：66～99 MPa。MOE：6.3～10.8 GPa。加工容易，不耐腐，板面较光滑，油漆、胶黏性能良好。

▶ 重组产品

【橡胶木重组木性能】

密度：0.85～1.05 g/cm³。

MOR：93～131 MPa。

MOE：15.13～18.47 GPa。

CS：74～105 MPa。

HSS：11.97～17.86 MPa。

TSR：7.40%～8.16%。

WSR：4.06%～7.00%。

【重组纹理特征】

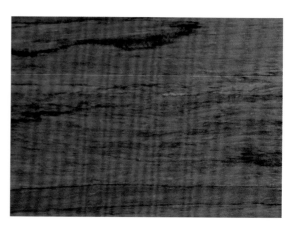

图2-18　橡胶木重组木

板面深棕褐色，有较规则的条状纹理，可形成丝带状镶嵌纹理（图2-18）。

★ 橡胶木图片引自中国植物图像库，https://ppbc.iplant.cn/tu/1617571，ID：1617571，李光敏拍摄。

（5）青皮木

▶ 原木

【形态特征】青皮木 *Schoepfia jasminodora* Siebold & Zucc., 铁青树科青皮木属，落叶小乔木或灌木（图2-19），高 3～14 m。生长轮略明显，心边材区别不明显，木材浅黄褐色，纹理直。

【分布地区】中国、日本、泰国等国家，在中国分布于甘肃、陕西、河南、四川等地。

图2-19 青皮木

【材性特征】密度：0.60～0.70 g/cm³。MOR：81～105 MPa。MOE：14～18 GPa。干缩率小，硬度中等，加工容易，干燥容易，稍耐腐，刨面光滑，胶黏性、油漆性良好。

▶ 重组产品

【青皮木重组木性能】

密度：0.90～1.15 g/cm³。

MOR：112～130 MPa。

MOE：15.02～17.23 GPa。

CS：84～100 MPa。

HSS：11.50～17.50 MPa。

TSR：7.01%～15.57%。

WSR：1.71%～3.97%。

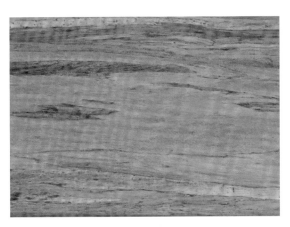

图2-20 青皮木重组木

【重组纹理特征】

橙色至橙红色，纹理较宽，有间断渍纹镶嵌，条状纹理不明显，光泽自然柔和（图2-20）。

★ 青皮木图片引自中国植物图像库，https://ppbc.iplant.cn/tu/3302157，ID：3302157，宋鼎拍摄。

（6）红椿

▶ 原木

【形态特征】红椿 *Toona ciliata* Roem，别名红楝子、赤昨工、埋用、赤蛇公、南亚红椿、香铃子，楝科香椿属落叶或半落叶乔木（图2-21）。树皮灰褐色，树干通直，树冠庞大，枝叶繁茂。心材深红褐色，边材色较淡，纹理通直，结构细致，微香持久。

图2-21　红椿

【分布地区】中国福建、湖南、广东、广西、四川和云南等地。

【材性特征】密度：$0.37 \sim 0.58$ g/cm³。MOR：$66 \sim 82$ MPa。MOE：$6.80 \sim 8.83$ GPa。CS：$29 \sim 35$ MPa。干缩率中等，硬度小，易加工，干燥不易开裂变形，抗虫性较弱。

▶ 重组产品

【红椿重组木性能】

密度：$0.75 \sim 1.10$ g/cm³。

MOR：$90 \sim 151$ MPa。

MOE：$15.54 \sim 19.76$ GPa。

CS：$76 \sim 120$ MPa。

HSS：$9.50 \sim 17.66$ MPa。

TSR：$7.57\% \sim 16.63\%$。

WSR：$5.09\% \sim 6.32\%$。

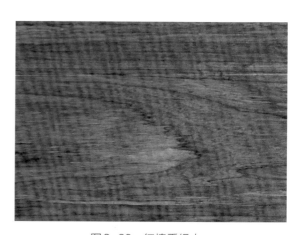

图2-22　红椿重组木

【重组纹理特征】

红椿重组木花纹橙色至黄褐色，略显重组条状花纹，边材重组后形成带状花纹，肌理较粗糙（图2-22）。

★ 红椿图片引自中国植物图像库，https://ppbc.iplant.cn/tu/3611670，ID：3611670，武晶拍摄。

（7）刺槐

▷ 原木

【形态特征】刺槐 *Robinia pseud-oacacia* L.，又名洋槐，豆科刺槐属落叶乔木（图2-23），树皮灰褐色至黑褐色，热值高。生长轮明显，边材黄白或浅黄褐色，与心材区别明显，心材暗黄褐或棕黄褐色，径切面上射线斑纹明显，纹理直。木材光泽性强，无特殊气味和滋味。

图2-23　刺槐

【分布地区】中国甘肃、青海、内蒙古、新疆、山西、陕西、河北、河南、山东等地。

【材性特征】密度：$0.65\sim0.69$ g/cm^3。MOR：$124\sim138$ MPa。MOE：$12.55\sim13.44$ GPa。材质坚硬，耐腐蚀，燃烧缓慢，干缩小，可供枕木、车辆等用材[2]。

▷ 重组产品

【刺槐重组木性能】
密度：$0.90\sim1.25$ g/cm^3。

MOR：$120\sim196$ MPa。

MOE：$17.54\sim21.72$ GPa。

CS：$97\sim122$ MPa。

HSS：$14.24\sim20.26$ MPa。

TSR：$3.51\%\sim10.00\%$。

WSR：$0.93\%\sim4.13\%$。

【重组纹理特征】

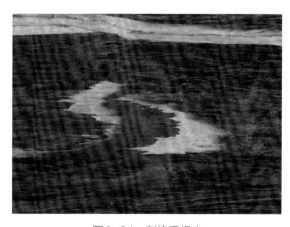

图2-24　刺槐重组木

刺槐重组木保留原木的棕黄褐色，质地较硬。少量淡黄色边材重组后与心材嵌成新纹理，呈清晰的翅状、条纹状（图2-24）。

★ 刺槐图片引自中国植物图像库，https://ppbc.iplant.cn/tu/6000423，ID：6000423，朱仁斌拍摄。

（8）木荷

▶ 原木

【形态特征】木荷 *Schima superba* Gardner & Champ.，又名荷木，山茶科木荷属（图2-25），常绿乔木，树皮深褐色。生长轮不明显，心边材区别不明显，木材浅红色，纹理斜，交错。

【分布地区】中国安徽、浙江、福建、江西、湖南、四川、广东、贵州、台湾等地。

图2-25　木荷

【材性特征】密度：$0.50 \sim 0.70$ g/cm^3。MOR：$82 \sim 98$ MPa。MOE：$11.38 \sim 12.70$ GPa。干燥易翘裂，变形较严重，稍耐腐，抗虫性较强。

▶ 重组产品

【木荷重组木性能】

密度：$0.85 \sim 1.25$ g/cm^3。

MOR：$100 \sim 162$ MPa。

MOE：$15.91 \sim 23.33$ GPa。

CS：$65 \sim 122$ MPa。

HSS：$12.74 \sim 19.23$ MPa。

TSR：$7.16\% \sim 13.12\%$。

WSR：$3.66\% \sim 5.94\%$。

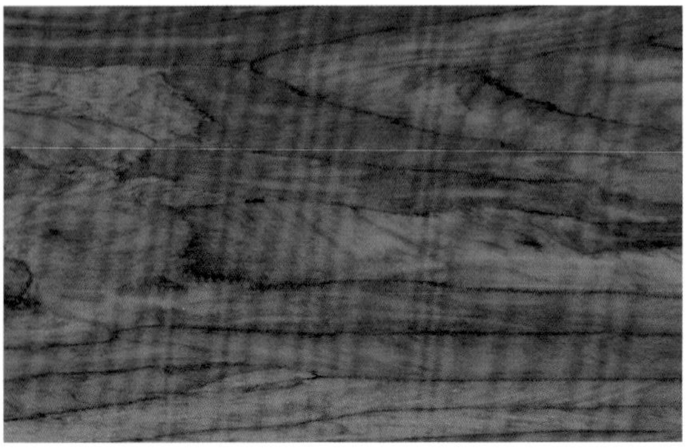

图2-26　木荷重组木

【重组纹理特征】

颜色橙红色至红色，重组木肌理更加清晰可见，呈现明显的红褐色渍纹或条纹，由疏解单元表面酚醛树脂经过流动、渗透所形成的胶合界面构成（图2-26）。

★ 木荷图片引自中国植物图像库，https://ppbc.iplant.cn/tu/6274362，ID：6274362，曾云保拍摄。

（9）香樟

▶ 原木

【形态特征】香樟 *Camphora officinarum* Nees ex Wall，樟科樟属（图2-27），常绿乔木，亚热带常绿阔叶树种。心边材区别明显，心材红黄色，边材黄灰色，樟脑气味很浓，木材纹理斜。

【分布地区】中国长江以南，尤以台湾、福建、江西、湖南、四川等地栽培较多。

图2-27　香樟

【材性特征】密度：$0.45\sim0.55$ g/cm³。MOR：$54\sim66$ MPa。MOE：$4.3\sim5.2$ GPa。CS：$25\sim29$ MPa。干缩率小，干燥稍开裂变形，硬度中等，易加工，胶黏性差。

▶ 重组产品

【香樟重组木性能】

密度：$0.80\sim1.20$ g/cm³。

MOR：$75\sim155$ MPa。

MOE：$11.5\sim16.5$ GPa。

HSS：$11\sim22$ MPa。

TSR：$9.5\%\sim17.0\%$。

WSR：$1.5\%\sim4.0\%$。

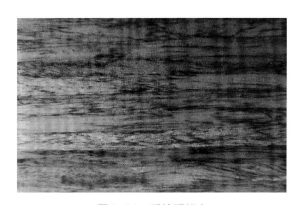

图2-28　香樟重组木

【重组纹理特征】

条纹有粗细，肌理均匀，颜色深浅交错相间，紫红色、红黄色和黄灰色相结合，保留原木浓郁的樟脑香气（图2-28）。

★ 香樟图片引自中国植物图像库，https://ppbc.iplant.cn/tu/6268648，ID：6268648，曾云保拍摄。

（10）枫香

▶ 原木

【形态特征】枫香 *Liquidambar formosana* Hance，蕈树科枫香树属（图2-29），落叶乔木，植株高大，树皮灰褐色，方块状剥落。生长轮不明显，心边材区别不明显，木材灰色，纹理交错。

【分布地区】中国秦岭及淮河以南地区。

图2-29　枫香

【材性特征】密度：0.55～0.65 g/cm³。MOR：86～93 MPa。MOE：5.35～6.66 GPa。CS：41～48 MPa。干缩率较小，不耐腐，抗虫性差，难加工。

▶ 重组产品

【枫香重组木性能】

密度：1.00～1.15 g/cm³。

MOR：104～119 MPa。

MOE：11.31～13.08 GPa。

TSR：6.57%～13.42%。

WSR：6.32%～35.53%。

【重组纹理特征】

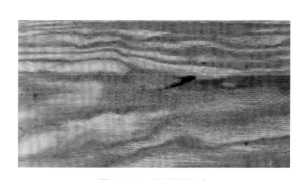

图2-30　枫香重组木

材色灰亮，肌理细。条状重组渍纹与原木花纹渐变过渡，带状渍纹明显，呈紫色至紫黑色（图2-30）。

★ 枫香图片引自中国植物图像库，https://ppbc.iplant.cn/tu/4137865，ID：4137865，徐永福拍摄。

（11）黧蒴

▶ 原木

【形态特征】黧蒴，即黧蒴锥 *Castanopsis fissa* (Champ. ex Benth.) Rehder & E. H. Wilson in Sarg.，壳斗科锥属乔木（图2-31），嫩枝红紫色，叶片形、质地及其大小均与丝锥类同，高可达20 m，胸径可达60 cm。心边材界限分明，心材淡黄棕色，边材色淡，生长轮明显。

图2-31　黧蒴

【分布地区】中国福建、江西、湖南、贵州四省南部，以及广东、海南、香港、广西、云南东南部。

【材性特征】木材弹性大，质轻软，易加工，干燥时较易爆裂且稍有变形。

▶ 重组产品

【黧蒴重组木性能】

密度：1.00～1.10 g/cm³。

MOR：130～160 MPa。

MOE：17.04～18.72 GPa。

TSR：12.38%～15.59%。

WSR：5.14%～12.44%。

【重组纹理特征】

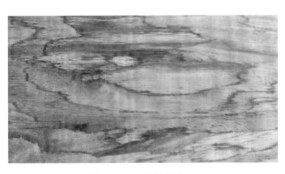

图2-32　黧蒴重组木

颜色和纹理变幻多样，重组渍纹黄褐色伴随紫红色，整体光泽明暗相间，重组花纹与原木花纹呈扭曲或波状组合（图2-32）。

★ 黧蒴图片引自中国植物图像库，https://ppbc.iplant.cn/tu/11423626，ID：11423626，曾商春拍摄。

（12）火力楠

▶ 原木

【形态特征】火力楠，即醉香含笑 *Michelia macclurei* Dandy，木兰科含笑属乔木（图2-33），高可达30 m，胸径可达1 m，树皮灰白色，光滑不开裂。生长轮明显，心边材区别明显，心材微绿黄色，边材灰白色，纹理直。

图2-33　火力楠

【分布地区】中国广东、海南、广西，越南北部也有分布。

【材性特征】密度：0.55～0.65 g/cm^3。MOR：103～143 MPa。MOE：11～17 GPa。CS：53～63 MPa。干缩率小，硬度中等，干燥不易开裂，少变形略耐腐，抗虫性稍弱。

▶ 重组产品

【火力楠重组木性能】

密度：1.05～1.15 g/cm^3。

MOR：118～156 MPa。

MOE：15.45～17.45 GPa。

TSR：10.93%～13.07%。

WSR：0.79%～26.31%。

【重组纹理特征】

产品呈绿黄色至黄褐色，光泽较亮，纹理直，条状纹理由细至宽，波状纹理较宽，重组后仍保留原木完整的节子，颜色变深，呈紫红色（图2-34）。

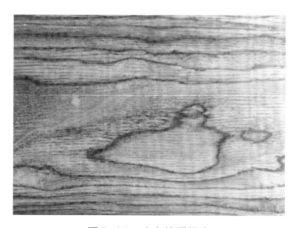

图2-34　火力楠重组木

★火力楠图片引自中国植物图像库，https://ppbc.iplant.cn/tu/15798001，ID：15798001，@王孜 Fagao 拍摄。

（13）白丝栎

▶ **原木**

【形态特征】白丝栎，指白栎 *Quercus fabri* Hance，壳斗科栎属（图2-35），落叶乔木或灌木，高可达 20 m，树皮灰褐色。心材浅褐色，心边材区别明显，边材浅黄或浅红色。

【分布地区】中国陕西、江苏、安徽、浙江、江西、福建等地。

图2-35　白丝栎

【材性特征】密度：$0.70 \sim 0.80 \ \text{g/cm}^3$。握钉力强，干燥较难，加工较难，胶黏及油漆性较差。

▶ **重组产品**

【白丝栎重组木性能】

密度：$0.80 \sim 1.25 \ \text{g/cm}^3$。

MOR：$99 \sim 155$ MPa。

MOE：$12.5 \sim 22.0$ GPa。

CS：$80 \sim 120$ MPa。

HSS：$10.5 \sim 20.0$ MPa。

TSR：$5.5\% \sim 20.0\%$。

WSR：$1.0\% \sim 7.5\%$。

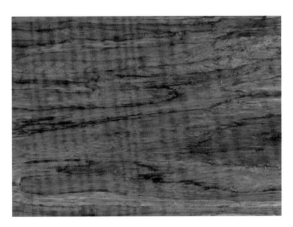

图2-36　白丝栎重组木

【重组纹理特征】

木材肌理粗犷，条状重组渍纹较粗且略扭曲，板面整体颜色深，呈浓褐色（图2-36）。

★ 白丝栎图片引自中国植物图像库，https://ppbc.iplant.cn/tu/3658183，ID：3658183，武晶拍摄。

(14) 椿木

▶ 原木

【形态特征】椿木，指香椿 *Toona sinensis* (A. Juss.) Roem.，楝科香椿属，常绿乔木（图2-37）。树皮粗糙，深褐色，有羽毛状的复叶。边材红褐或灰红褐色，与心材区别明显，心材深红褐色。木材有光泽，具有芳香气味，纹理直，结构不均匀。

图2-37　椿木

【分布地区】中国华北、华东、中部、南部和西南部地区为主要产区，朝鲜也有分布。

【材性特征】密度：0.45～0.60 g/cm³。硬度中等，干缩率小，强度和冲击韧性中等。

▶ 重组产品

【椿木重组木性能】

密度：0.85～1.25 g/cm³。

MOR：90～135 MPa。

MOE：16～23 GPa。

CS：60～100 MPa。

HSS：9.5～16.0 MPa。

TSR：8.5%～16.0%。

WSR：3.5%～10.0%。

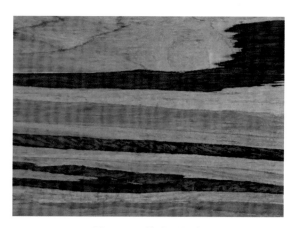

图2-38　椿木重组木

【重组纹理特征】

橙色至红棕色，重组渍纹颜色深，条状纹理和交错纹理结合，条状纹理较粗，椿木重组木可形成心边材互嵌的纹理，且颜色深浅区别明显（图2-38）。

★ 椿木图片引自中国植物图像库，https://ppbc.iplant.cn/tu/4310085，ID：4310085，田琴拍摄。

（15）枫木

▶ 原木

【形态特征】枫木 *Acer* spp.，槭树科槭树属，乔木或灌木（图2-39）。木材呈淡灰褐至灰棕色，生长轮不明显，管孔多而小，分布均匀，偶有淡绿灰色的矿质纹路。

【分布地区】主要产自亚洲、欧洲、美洲的北温带地区，中国主产区在长江流域及长江以南。

【材性特征】木材硬度中等，材质致密，抛光性佳，易涂装。

图2-39　枫木

▶ 重组产品

【枫木重组木性能】

密度：0.80 g/cm³。

MOR：110.2 MPa。

MOE：12 GPa。

HSS：11.65 MPa。

TSR：3.0%。

WSR：2.3%。

【重组纹理特征】

颜色呈浅黄褐色，有带状和波状两种纹理，重组渍纹过渡缓和，光泽自然柔和（图2-40）。

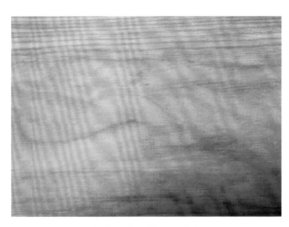

图2-40　枫木重组木

★ 枫木图片引自中国植物图像库，https://ppbc.iplant.cn/tu/2095872，ID：2095872，李光敏拍摄。

（16）沙柳

▶ **原木**

【形态特征】沙柳 *Salix cheilophila*，杨柳科柳属（图2-41），灌木或小乔木，树皮黄灰色至暗灰色；小枝细长。

【分布地区】中国河北、山西、山东等地。

【材性特征】密度：0.49～0.55 g/cm³。MOR：82～126 MPa。MOE：3.73～8.36 GPa。3年可成材，越砍越旺，具有"平茬复壮"的生物习性。

图2-41　沙柳

▶ **重组产品**

【沙柳重组木性能】

密度：0.85～1.25 g/cm³。

MOR：160～235 MPa。

MOE：18.16～24.12 GPa。

CS：85～146 MPa。

HSS：10.84～19.89 MPa。

TSR：7.36%～15.77%。

WSR：2.71%～5.08%。

【重组纹理特征】

图2-42　沙柳重组木

条纹不规则至交错，重组条纹粗细不均，长短大小不一，重组过程沙柳条结合紧密则纹理微细，空隙部位或树皮则形成深色宽纹占据板面（图2-42）。

★ 沙柳图片引自中国植物图像库，https://ppbc.iplant.cn/tu/406600，ID：406600，刘冰拍摄。

（17）旱柳

▶ 原木

【形态特征】旱柳 *Salix matsudana* Koidz.，杨柳科柳属乔木（图2-43）。植株较高，大枝斜上，树冠广圆形，树皮暗灰黑色。木材黄白色，纹理直。

图2-43　旱柳

【分布地区】中国东北平原、华北平原、西北黄土高原，西至甘肃、青海，南至淮河流域以及浙江、江苏；在朝鲜、日本、俄罗斯远东地区也有分布。

【材性特征】密度：$0.35 \sim 0.55$ g/cm^3。MOR：$57 \sim 71$ MPa。MOE：$7.5 \sim 8.5$ GPa。CS：$28 \sim 33$ MPa。质地轻软，不耐腐。

▶ 重组产品

【旱柳重组木性能】

密度：$0.70 \sim 1.15$ g/cm^3。

MOR：$80 \sim 120$ MPa。

MOE：$9.58 \sim 12.88$ GPa。

CS：$60 \sim 105$ MPa。

HSS：$8.50 \sim 15.73$ MPa。

TSR：$3.32\% \sim 12.77\%$。

WSR：$1.02\% \sim 4.85\%$。

【重组纹理特征】

图2-44　旱柳重组木

板面呈黄色至黄褐色，纹理轮界主要由重组胶合形成，条状重组渍纹粗犷（图2-44）。

（18）星柳

▶ 原木

【形态特征】星柳，一般指垂柳
Salix babylonica L.，杨柳科柳属（图
2-45），落叶乔木，高可达 12～18 m。
木质结构细密，通常为直纹。

【分布地区】中国长江流域与黄河
流域，其他各地也有栽培；主要作为
道路旁、水边等地的绿化树种，也能
生于干旱处。

图 2-45　星柳

【材性特征】密度：0.40～0.45 g/cm^3。MOR：62 MPa。MOE：7.0 GPa。CS：56 MPa。
材质轻软，刨光后光滑，防腐能力稍差。

▶ 重组产品

【星柳重组木性能】

密度：0.85～1.15 g/cm^3。

MOR：124～168 MPa。

MOE：13.05～17.06 GPa。

CS：77～110 MPa。

TSR：12.37%～21.70%。

WSR：1.41%～3.33%。

【重组纹理特征】

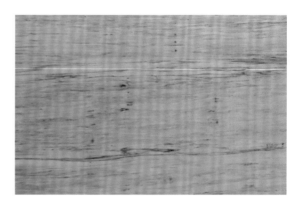

图 2-46　星柳重组木

色泽淡，重组条状花纹不明显，具有星柳木节子独特的小斑纹（图 2-46）。

（19）栓皮栎

▶ 原木

【形态特征】栓皮栎 *Quercus variabilis* Blume，壳斗科栎属（图2-47），落叶乔木。株高可达30 m，树皮深纵裂，叶片卵状披针形或长椭圆状披针形。木射线宽，生长轮明显，心边材区别明显，纹理直，结构粗。

【分布地区】中国辽宁、河北、山西、陕西等地。

图2-47　栓皮栎

【材性特征】密度：0.75～0.95 g/cm³。MOR：90～110 MPa。MOE：11～15 GPa。CS：45～60 MPa。干缩率大，强度高，硬度大，加工难，干燥易开裂、变形严重，极耐腐，抗虫性较强。

▶ 重组产品

【栓皮栎重组木性能】

密度：1.05～1.30 g/cm³。

MOR：130～175 MPa。

MOE：13.45～17.60 GPa。

CS：95～115 MPa。

TSR：5.50%～13.10%。

WSR：0.80%～15.30%。

【重组纹理特征】

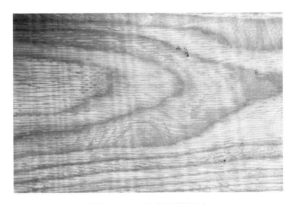

图2-48　栓皮栎重组木

重组产品呈灰白色至红褐色，光泽较亮，纹理直，条状纹理和波状纹理较宽，生长轮纹理间过渡缓和，木射线花纹仍明显（图2-48）。

2.2 不同树种重组木产品性能对比

24种重组木产品的性能对比见表2-1。

表2-1　24种重组木产品的性能对比

序号	树种	密度（g/cm³）	静曲强度（MPa）/弹性模量（GPa）	压缩强度（MPa）	水平剪切强度（MPa）	吸水厚度膨胀率（%）	吸水宽度膨胀率（%）
1	落叶松	1.00	93.86/19.50	61.25	9.36	12.21	4.61
2	辐射松	1.00	130.00/16.00	—	17.00	28.00	3.90
3	银杏	1.00	144.00/11.59	95.00	20.00	4.66	1.90
4	柏木	1.00	125.00/11.00	—	15.00	14.50	3.50
5	杉木	1.00	120.00/12.04	90.00	16.05	9.50	2.05
6	杨木	1.00	136.60/18.44	96.69	13.55	10.34	1.61
7	桉木	1.00	141.59/20.12	111.12	17.71	9.06	2.86
8	泡桐	1.00	118.01/15.32	86.24	14.12	9.62	1.52
9	橡胶木	1.05	130.55/18.47	102.08	17.86	4.64	4.06
10	青皮木	1.00	129.41/16.41	98.57	16.08	4.38	2.17
11	红椿	1.05	150.95/19.64	118.98	13.83	8.51	2.47
12	刺槐	1.00	186.11/19.17	108.92	25.09	6.05	2.12
13	木荷	1.00	106.40/15.42	96.08	13.63	7.12	3.61
14	香樟	1.00	130.00/15.00	—	17.00	10.05	2.05
15	枫香	1.00	103.02/11.84	—	—	7.19	17.58
16	鳘蒴	1.00	133.63/17.48	—	—	14.85	10.28
17	火力楠	1.05	130.92/16.46	—	—	13.07	9.87
18	白丝栎	1.05	148.26/21.58	118.40	13.41	3.72	1.25
19	椿木	0.85	109.19/18.05	68.74	10.26	5.23	4.17
20	枫木	0.80	110.20/12.01	—	11.65	3.00	2.30
21	沙柳	1.00	179.02/20.88	121.16	15.26	14.02	4.14
22	旱柳	1.00	115.35/12.27	104.17	14.35	5.41	2.55
23	星柳	1.00	138.66/14.53	89.28	16.04	7.09	1.51
24	栓皮栎	1.05	130.50/13.45	95.00	—	5.50	0.90

注：性能测试方法参照《重组竹》（GB/T 40247—2021）。

2.3 微观结构和表观材性

2.3.1 微观结构

重组木在重组成型过程中，原有的微观结构（图2-49）面临形变和重构过程，并且形成一种全新的微观结构（图2-50），而这种新型的微观结构使重组材料的物理力学性能、表面性能以及耐候性能产生显著改变。

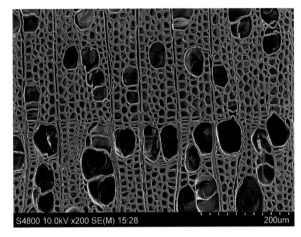

图2-49　原木微观结构

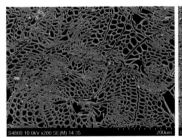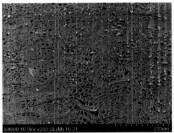

（a）压缩率50%的重组木微观结构　（b）压缩率55%的重组木微观结构　（c）压缩率60%的重组木微观结构

图2-50　重组木新型微观结构

2.3.2 表观材性

高性能重组木与杨木、紫檀木相比较，具有更加优良的表面性能（图2-51）。

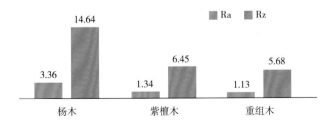

图2-51　杨木、紫檀木、重组木的表面性能比较

2.4 应用案例

重组木应用案例如图2-52～图2-80所示。

图2-52　重组木方材

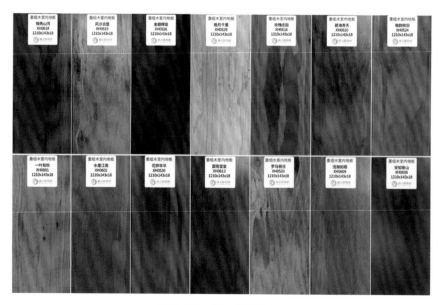

图2-53　室内地板色卡

图2-54 菱形木瓦　　　　　　　　图2-55 鱼鳞木瓦

图2-56 北京国子监

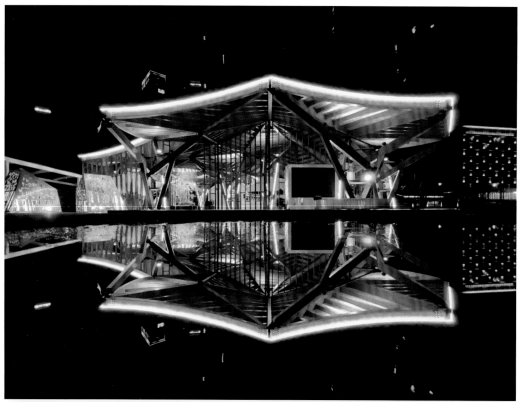

图2-57   杭州亚运会重组木项目

图2-58 大连理工大学户外地板

图2-59 户外木制品

图2-60　江苏如皋外国语学校

图2-61　前门四合院

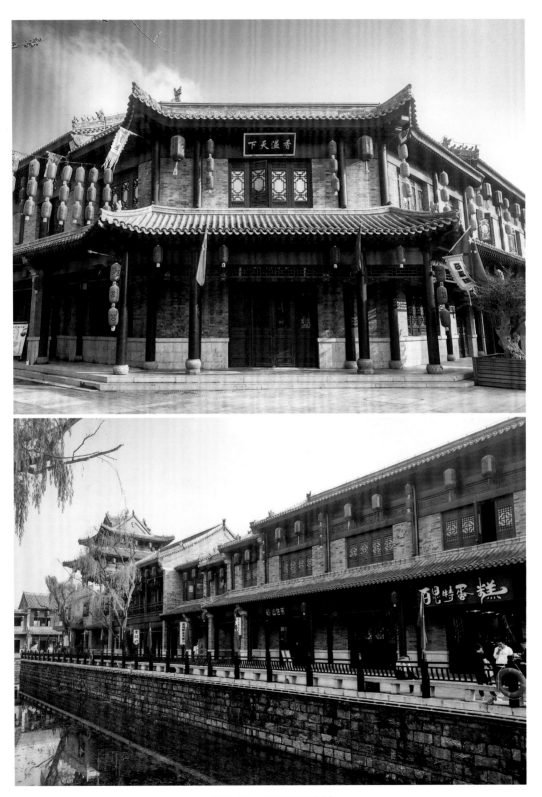

图2-62　日照莒国古城

图2-63　山东滨州华艺亭幼儿园项目

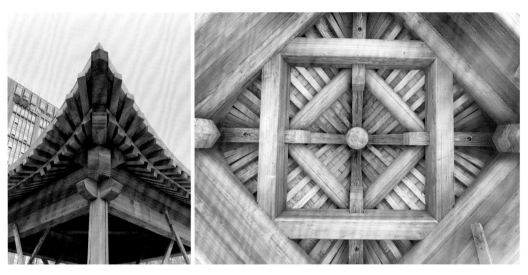

图2-64 受壁街重组木项目

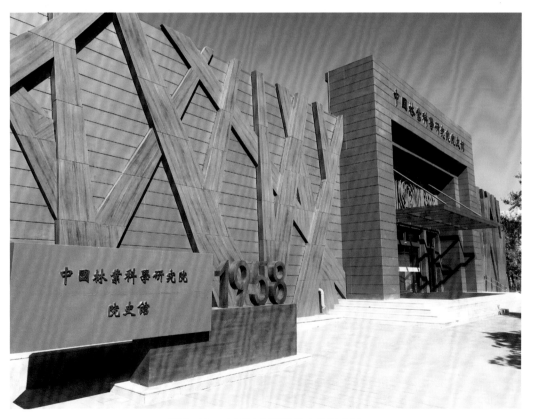

图2-65 中国林业科学研究院院史馆

图2-66　重组木廊

图2-67　重组木桌椅

图2-68　重组木户外地板

图2-69 重组木户外家具

图2-70　重组木护栏

图2-71　重组木廊架

图2-72　重组木楼梯

图2-73　重组木沙发组合

图2-74　重组木门窗

图2-75　重组木实木窗

图2-76 重组木家具

图2-77　重组木藤架

图2-78　重组木厅

图2-79　重组木装配式房屋

项目：无锡如意桥

地点：江苏省无锡市

完成时间：2023年

生产厂家：海南横禧木环保科技有限公司

图2-80　无锡如意桥

参考文献

[1] 徐峰, 黄善忠. 热带亚热带优良珍贵木材彩色图鉴[M]. 南宁: 广西科学技术出版社, 2009.

[2] 余光. 中国南方木材鉴定图谱[M]. 福州: 福建科学技术出版社, 2017.

[3] 雷文成, 张亚慧, 葛立军, 等. 结构用桉木重组木的适宜性制备工艺[J]. 林业工程学报, 2022, 7(6): 46–52.

[4] 吴婕妤, 张亚梅, 于文吉. 辊压树脂浸胶法对桉木重组木尺寸稳定性影响机理[J]. 北京林业大学学报, 2024, 46(1): 141–151.

[5] 陈凤义, 张亚慧, 于文吉. 家具用高性能桉树重组木的制备及性能[J]. 木材工业, 2016, 30(6): 39–42.

[6] 梁艳君, 张亚慧, 马红霞, 等. 户外用杨木重组木的制备工艺与性能评价[J]. 木材工业, 2017, 31(2): 49–52.

[7] 林秋琴, 张亚梅, 于文吉. 预压缩处理施胶技术提高杨木重组木尺寸稳定性的研究(英文)[J]. 林业工程学报, 2021, 6(1): 58–67.

[8] 张方达, 孙忠海, 孙建斌, 等. 单板厚度对杨木重组木性能的影响[J]. 中国人造板, 2024, 31(7): 18–22.

[9] 林秋琴, 吴江源, 黄宇翔, 等. 热压温度和密度对柏木重组木性能的影响[J]. 木材科学与技术, 2021, 35(4): 51–56.

[10] 魏金光, 饶飞, 张亚慧, 等. 疏解工艺对毛白杨与辐射松重组木物理力学性能的影响[J]. 木材工业, 2019, 33(2): 51–54.

[11] 魏金光, 韦亚南, 鲍敏振, 等. 辐射松重组木密度对其孔隙率和性能的影响[J]. 浙江农林大学学报, 2018, 35(3): 519–523.

[12] 魏金光, 韦亚南, 张亚慧, 等. 心、边材及重组木密度对辐射松重组木性能的影响[J]. 木材工业, 2017, 31(6): 43–45.

[13] 张亚梅, 余养伦, 李长贵, 等. 速生轻质木材制备高性能重组木的适应性研究[J]. 木材工业, 2016, 30(3): 41–44.

[14] 梁艳君. 制造工艺对纤维化单板重组木性能影响规律的研究[D]. 北京: 中国林业科学研究院, 2018.

[15] ZHANG Y, HUANG X, ZHANG Y, et al. Scrimber board (SB) manufacturing by a new method and characterization of SB's mechanical properties and dimensional stability [J]. Holzforschung, 2018, 72(4): 283–289.

3

重组竹图谱

3.1 纤维化竹单板

重组竹是以竹材为原料，通过疏解、定向重组、复合而成的一种新型生物质复合材料，在不打乱竹材纤维排列方向、保留其基本特性的基础上，具有性能可控、结构可设计、规格可调等特点[1-2]。竹材经过精细化疏解技术，剖分好的竹材表面的竹青、竹黄脱落，竹纤维束分离，形成纤维化竹单板。与竹材相比，纤维化竹单板具有分离效果好、比表面积大、孔隙率高的特点，非常有利于胶黏剂的均匀渗透（图3-1、图3-2）。

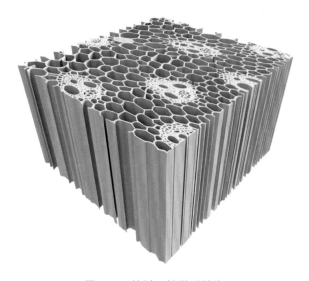

图3-1　竹材天然微观结构

图3-2　纤维化竹单板微观结构

3.2 原竹种类及其制备的重组竹性能

竹类植物按其地下茎的不同分为单轴型、合轴型和复合轴型[3]。地下茎是单轴型且地面竹秆散生的竹类植物被称为散生竹。如毛竹、刚竹、淡竹等；地下茎形成多节的假鞭且节上无芽无根，由顶芽出土成秆、竹秆在地面呈密集丛状，被称为丛生竹，如慈竹、粉单竹等。

竹材整体通直，微观结构简单，不同竹种间差异性较小。因此，不同竹种作为原材料制备的重组竹产品外观差异不大。本部分将简要介绍重组竹所用竹种，并从热处理工艺、表面处理工艺等几个方面介绍重组竹产品的外观区别。

3.2.1 散生竹

（1）毛竹

【形态特征】毛竹 *Phyllostachys edulis* (Carrière) J. Houz.，禾本科刚竹属，单轴散生型（图3-3）。秆高可达20 m以上，直径可达20cm以上，节间长度为40 cm或更长，壁厚约1 cm，为我国最主要的笋材种植用竹种。竹材可作为建筑、脚手架以及竹编制品、纸制品、人造板等用材，是两面积最广、经济价值也最重要的竹种。

【分布地区】分布于海拔400～800 m的丘陵、低山山麓地带，中国十大竹乡中有七个以毛竹为主。

【材料性能】密度：0.59～0.74 g/cm³。MOR：121～167 MPa。MOE：9.77～11.09 GPa。CS：52～69 MPa。

【毛竹重组竹性能】[4]密度：0.95～1.20 g/cm³。MOR：152～185 MPa。MOE：14.46～15.87 GPa。CS：112～130 MPa。TSR：1.82%～6.19%。WSR：0.76%～1.21%。

图3-3　毛竹

★ 毛竹图片引自中国植物图像库，https://ppbc.iplant.cn/tu/5016702，ID：5016702，薛自超拍摄。

（2）寿竹

【形态特征】寿竹 *Phyllostachys bambusoides* Siebold & Zucc. f. *shouzhu* Yi，禾本科刚竹属，桂竹的变种，单轴散生型（图3-4）。直径为10～15 cm，节间最长达50 cm，是一种优质的笋材两用大径竹种，秆形仅次于毛竹，秆可供制作凉床、椅子、蒸笼和竹帘。

【分布地区】主要分布在重庆、四川东部和湖南南部等地。

【材料性能】密度：0.55～0.64 g/cm^3。MOR：88～121 MPa。MOE：8.77～10.09 GPa。CS：53～67 MPa。

【寿竹重组竹性能】[5-6]密度：1.00～1.20 g/cm^3。MOR：160～200 MPa。MOE：17.07～21.52 GPa。CS：112～130 MPa。TSR：4.43%～6.60%。WSR：0.53%～1.26%。

图3-4　寿竹

★ 寿竹图片引自中国植物图像库，https://ppbc.iplant.cn/tu/1689238，ID：1689238，宋鼎拍摄。

（3）红壳竹

【形态特征】红壳竹 *Phyllostachys iridescens* C. YYaoet CYChen，别名红哺鸡竹、红鸡竹，禾本科刚竹属，散生型竹种（图3-5）。直径为6～7 cm，中部节间长达30 cm，集笋用、材用和观赏于一体，竹秆通直、壁厚、材性坚硬、韧性好。

【分布地区】在浙江、江苏、安徽等平原或低山地区均有分布。

【材料性能】密度：0.55～0.66 g/cm³。MOR：115～156 MPa。MOE：7.93～12.82 GPa。CS：43～61 MPa。

【红壳竹重组竹性能】[5]密度：0.95～1.15 g/cm³。MOR：156～206 MPa。MOE：16.31～21.09 GPa。CS：122～137 MPa。TSR：3.32%～8.27%。WSR：1.15%～3.02%。

图3-5　红壳竹

★ 红壳竹图片引自中国植物图像库，https://ppbc.iplant.cn/tu/4416933，ID：4416933，张玲拍摄。

（4）白夹竹

【形态特征】白夹竹 *Phyllostachys bissetii* McClure，别名白家竹、枪刀竹、白竹，禾本科刚竹属，散生型小径竹种（图3-6）。直径为1～8 cm，在纸制品、篾编、棚架、食用笋等方面利用价值高，具有适应性强、成林早、产量高等特点。

【分布地区】主要分布在四川、湖北、浙江、重庆等地。

【材料性能】密度：0.58～0.72 g/cm^3。MOR：135～165 MPa。MOE：10.23～14.22 GPa。CS：63～91 MPa。

【白夹竹重组竹性能】[5-6]密度：1.00～1.20 g/cm^3。MOR：180～285 MPa。MOE：17.66～25.67 GPa。CS：100～128 MPa。TSR：8.31%～10.15%。WSR：1.89%～2.21%。

图3-6　白夹竹

★ 白夹竹图片引自中国植物图像库，https://ppbc.iplant.cn/tu/1835269，ID：1835269，武晶拍摄。

（5）刚竹

【形态特征】刚竹 *Phyllostachys sulphurea* var. Viridis R. A. Young 是禾本科刚竹属，金竹的栽培品种，为散生型竹种（图 3-7）。秆高可达 15 m，直径 4～10 cm，节间长 20～45 cm。竹材坚实，宜整秆用作农具柄及搭建屋棚等小型建筑，篾性尚可，可用于编制生活用品。

【分布地区】在中国黄河至长江流域及福建均有分布。

【材料性能】密度：0.75～0.80 g/cm³。MOR：135.2～182.7 MPa。MOE：13.25～17.21 GPa。CS：49.5～55.2 MPa。

【刚竹重组竹性能】[7] 密度：1.00～1.20 g/cm³。MOR：95～165 MPa。MOE：12.69～17.17 GPa。CS：102～160 MPa。TSR：3.31%～7.19%，WSR：0.36%～1.81%。

图3-7　刚竹

★ 刚竹图片引自中国植物图像库，https://ppbc.iplant.cn/tu/4358518，ID：4358518，张玲拍摄。

（6）雷竹

【形态特征】雷竹 *Phyllostachys violascens* 'Prevernalis' 是禾本科刚竹属旱竹的栽培种，为散生型竹种（图3-8）。秆高8～10 m，径4～6 cm，节间长15～25 cm。节间并非向分枝的另一侧微膨大，而是向中部微变细，有时隐约有黄色纵条纹，壁厚约3 mm。

【分布地区】原产于中国浙江、安徽等地，特别是浙江的临安、余杭、德清等。

【材料性能】密度：0.63～0.68 g/cm³。MOR：97～110 MPa。MOE：12.09～13.55 GPa。CS：39～48 MPa。

【雷竹重组竹性能】[7]密度：1.00～1.20 g/cm³。MOR：122～197 MPa。MOE：15.46～25.57 GPa。CS：117～156 MPa。TSR：4.81%～7.10%，WSR：1.99%～2.03%。

图3-8　雷竹

★ 雷竹图片引自中国植物图像库，https://ppbc.iplant.cn/tu/14302714，ID：14302714，张玲拍摄。

（7）淡竹

【形态特征】淡竹*Phyllostachys glauca* McClure，别名花皮淡竹、麻壳淡竹等，禾本科刚竹属（图3-9）。秆高6～14 m，直径可达10 cm，节间长达40 cm，新秆被雾状白粉而呈蓝绿色。秆壁略薄，篾性极佳，是上等农用、篾用竹种。

【分布地区】江苏、河南、浙江、山东、陕西、安徽等地。

【材料性能】密度：0.62～0.65 g/cm³。MOR：109～129 MPa。MOE：7.72～8.69 GPa。CS：20～36 MPa。

【淡竹重组竹性能】[7]密度：1.00～1.20 g/cm³，MOR：134～216 MPa。MOE：18.82～26.34 GPa。CS：115～149 MPa。TSR：4.31%～6.13%。WSR：1.09%～2.35%。

图3-9　淡竹

★ 淡竹图片引自中国植物图像库，https://ppbc.iplant.cn/tu/4415081，ID：4415081，张玲拍摄。

(8) 茶秆竹

【形态特征】茶秆竹*Pseudosasa amabilis*（McClure）P. C. Keng ex S. L. Chen & al.，禾本科矢竹属，单轴散生型或混生型竹种，别名茶竿竹、茶杆竹、青篱竹等（图3-10）。秆高7～13 m，径4～6 cm，节间长为30～50 cm，箨鞘新鲜时呈棕绿色，密被栗色刺毛。秆通直，坚韧，是我国传统出口商品，宜作家具、装饰以及运动器材等。

【分布地区】广东、福建、湖南、广西等地，江西、浙江等地亦有引种栽培。

【材料性能】密度：0.73～0.85 g/cm^3。MOR：238.6～278.6 MPa。MOE：16.6～21.1 GPa。CS：51～68 MPa。

【茶秆重组竹性能】[8]密度：0.90～1.35 g/cm^3，MOR：228～310 MPa。MOE：24.51～33.70 GPa。CS：139～160 MPa。TSR：2.39%～9.51%。WSR：1.08%～4.01%。

图3-10 茶秆竹

★ 茶秆竹图片引自中国植物图像库，https://ppbc.iplant.cn/tu/593076，ID：593076，徐锦泉拍摄。

3.2.2 丛生竹

(1) 慈竹

【形态特征】慈竹*Bambusa emeiensis* L. C. Chia & H. L. Fung，别名义竹、慈孝竹、子母竹，禾本科慈竹属，丛生型竹种（图3-11）。直径为4~8 cm，秆壁薄，节间长，竹材篾性好，纤维长度长，是优良的竹编、纸浆材料。

【分布地区】以四川为中心，遍布云南、贵州、广西、湖南、湖北等地。

【材料性能】密度：0.61~0.72 g/cm³。MOR：170~212 MPa。MOE：13.55~17.25 GPa。CS：55~79 MPa。

【慈竹重组竹性能】[7,9]密度：1.00~1.15 g/cm³，MOR：239~252 MPa。MOE：26.91~30.16 GPa。CS：139~183 MPa。TSR：3.87%~6.66%。WSR：1.70%~3.73%。

图3-11 慈竹

★ 慈竹图片引自中国植物图像库，https://ppbc.iplant.cn/tu/6236733，ID：6236733，李策宏拍摄。

(2) 梁山慈竹

【形态特征】梁山慈竹 *Dendrocalamus farinosus* (Keng & P. C. Keng) L. C. Chia & H. L. Fung，禾本科牡竹属，别名大叶慈竹、大叶竹、瓦灰竹、吊竹等（图3-12）。直径为 4～8 cm，节间长 20～40 cm，幼时被厚白粉，无毛。节微隆起，箨环常有箨鞘基部残留物。箨鞘略呈矩状三角形；箨耳微弱，箨舌发达，先端细裂呈流苏状，全高 10～13 mm。叶片长 10～33 cm，宽 1.5～6 cm。笋可食，竹秆可用作农具柄、棚架以及劈篾编竹器等，还可作为庭园绿化竹种。

【分布地区】主要在广西、广东、云南、四川等地。

【材料性能】密度：0.61～0.72 g/cm³。MOR：170～212 MPa。MOE：13.55～17.25 GPa。CS：55～79 MPa。

【梁山慈竹重组竹性能】[10] 密度：1.00～1.15 g/cm³，MOR：239～252 MPa。MOE：26.91～30.16 GPa。CS：139～183 MPa。TSR：3.87%～6.66%。WSR：1.70%～3.73%。

图3-12 梁山慈竹

★ 梁山慈竹图片引自《望江楼竹类图志》，王道云著，四川科学技术出版社，2016。

（3）麻竹

【形态特征】麻竹 *Dendrocalamus latiflorus* Munro，别名马竹、甜竹、大头竹，禾本科牡竹属，合轴丛生型竹种（图3-13）。直径为8~25 cm，节间长30~50 cm，为优良笋材两用竹种，竹秆粗大、笔直。

【分布地区】主要在福建、台湾、广东、香港、广西、海南、四川、贵州、云南等地。

【材料性能】密度：0.54~0.63 g/cm^3。MOR：129~185 MPa。MOE：8.59~11.25 GPa。CS：49~83 MPa。

【麻竹重组竹性能】[11]密度：1.00~1.20 g/cm^3。MOR：216~262 MPa。MOE：25.12~28.27 GPa。CS：142~169 MPa。TSR：3.84%~9.35%。WSR：1.11%~3.32%。

图3-13　麻竹

★ 麻竹图片引自中国植物图像库，https://ppbc.iplant.cn/tu/643466，ID：643466，宋鼎拍摄。

（4）粉单竹

【形态特征】粉单竹 *Bambusa chungi* McClure，别名白粉单竹、黑节单竹，禾本科箣竹属，丛生型高纤维竹种（图3-14）。直径为6～8 cm，节间长50～100 cm，竹壁薄，竹节平，材质的割裂性、弹性、韧性强，是优良的篾用和造纸用材。

【分布地区】广东、广西、湖南、福建等地。

【材料性能】密度：0.66～0.75 g/cm^3。MOR：135～193 MPa。MOE：15.55～17.60 GPa。CS：78～91 MPa。

【粉单竹重组竹性能】[12] 密度：1.00～1.20 g/cm^3。MOR：177～215 MPa。MOE：23.85～26.52 GPa。CS：94～126 MPa。TSR：4.75%～6.82%。WSR：0.62%～1.86%。

图3-14　粉单竹

★ 粉单竹图片引自中国植物图像库，https://ppbc.iplant.cn/tu/1294181，ID：1294181，刘军拍摄。

（5）巨龙竹

【形态特征】巨龙竹 *Dendrocalamus sinicus* L. C. Chia & J. L. Sun，又名歪脚龙竹，禾本科牡竹属，大型合轴丛生型竹种（图3-15）。直径为20～30 cm，秆高最高可逾30 m，是特大型秆材、特种工艺品、竹材人造板及纸浆的极佳原料，为云南特有大型竹材。

【分布地区】云南西南和滇南部佤族、傣族和拉祜族等民族聚集区。

【材料性能】密度：0.51～0.87 g/cm³。MOR：71～161 MPa。MOE：9.59～11.15 GPa，CS：56～94 MPa。

【巨龙竹重组竹性能】密度：1.00～1.20 g/cm³。MOR：207～262 MPa。MOE：24.07～27.41 GPa。CS：158～164 MPa。TSR：4.31%～5.73%，WSR：1.60%～3.24%。

图3-15　巨龙竹

★ 巨龙竹图片引自中国植物图像库，https://ppbc.iplant.cn/tu/3301768，ID：3301768，宋鼎拍摄。

（6）云南甜竹

【形态特征】云南甜竹 *Denarocalarzs brandisi* (Munro) Kurz，别名勃氏甜龙竹、甜竹，禾本科牡竹属，合轴丛生型竹种（图3-16）。直径为10～12 cm，节间长34～43 cm，秆形高大，是品质优良的笋材两用竹种，一直用于制作生产生活用品。

【分布地区】云南、广东、广西、四川、重庆等地。

【材料性能】密度：0.47～0.63 g/cm³。MOR：110～145 MPa。MOE：8.85～13.67 GPa。CS：56～71 MPa。

【云南甜竹重组竹性能】密度：1.00～1.15 g/cm³。MOR：112～135 MPa。MOE：19.46～25.81 GPa。CS：112～130 MPa。TSR：1.08%～3.19%，WSR：0.69%～1.21%。

图3-16　云南甜竹

★ 云南甜竹图片引自中国植物图像库，https://ppbc.iplant.cn/tu/889970，ID：889970，徐克学拍摄。

（7）小叶龙竹

【形态特征】小叶龙竹 *Dendrocalamus barbatus* J. R. Xue & D. Z. Li，别名毛脚龙竹，禾本科牧竹属，大型合轴丛生型竹种（图3-17）。直径为10～15 cm，节间长26～32 cm，秆材纤维长，材质细致、材性优良，是优良的材用竹和观赏用竹。

【分布地区】中国云南南部；越南、缅甸和老挝北部。

【材料性能】密度：0.56～0.67 g/cm³。MOR：105～133 MPa MOE：8.55～10.60 GPa。CS：45～63 MPa。

【小叶龙竹重组竹性能】[12]密度：1.00～1.15 g/cm³。MOR：124～172 MPa。MOE：18.92～21.16 GPa。CS：112～130 MPa。TSR：2.90%～4.54%。WSR：0.44%～1.00%。

图3-17　小叶龙竹

★ 小叶龙竹图片引自中国植物图像库，https://ppbc.iplant.cn/tu/13476198，ID：13476198，苏丽飞拍摄。

（8）吊丝球竹

【形态特征】吊丝球竹*Bambusa beecheyana* Munro，别名大头典竹、大头甜竹，禾本科绿竹属，丛生竹种（图3-18）。直径为6～10 cm，节间长35～40 cm，是一种笋材两用竹，可用于编织和制造各种农具，竹笋多加工成笋干，竹纤维是优质造纸材料。

【分布地区】广东、广西、海南等地。

【材料性能】密度：0.56～0.67 g/cm³。MOF：139～165 MPa。MOE：10.59～15.15 GPa。CS：56～73 MPa。

【吊丝球竹重组竹性能】密度：1.00～1.20 g/cm³。MOR：122～155 MPa。MOE：16.89～18.87 GPa。CS：112～130 MPa。TSR：2.31%～5.69%。WSR：0.49%～1.11%。

图3-18　吊丝球竹

★ 吊丝球竹图片引自中国植物图像库，https://ppbc.iplant.cn/tu/1835335，ID：1835335，武晶拍摄。

（9）白节簕竹

【形态特征】白节簕竹 *Bambusa dissimulaton* Mc Clure var. *albinodia* Mc Clure，禾本科牧竹属，丛生型竹种（图3-19）。在编织、家具、笋用、制筷、造纸等方面具有优势，节间较短，适应性强，生长旺盛。

【分布地区】广东广州等地。

【材料性能】密度：$0.68 \sim 0.82$ g/cm³。MOR：$183 \sim 215$ MPa。MOE：$18.23 \sim 24.12$ GPa，CS：$83 \sim 101$ MPa。

【白节簕竹重组竹性能】密度：$1.00 \sim 1.25$ g/cm³。MOR：$242 \sim 284$ MPa。MOE：$27.55 \sim 32.20$ GPa。CS：$155 \sim 178$ MPa。TSR：$4.51\% \sim 8.39\%$。WSR：$1.74\% \sim 3.80\%$。

图3-19　白节簕竹

★ 白节簕竹图片引自《望江楼竹类图志》，王道云著，四川科学技术出版社，2016。

（10）缅竹

【形态特征】缅竹 *Bambusa burmanice* Gamble，别名缅甸竹。禾本科簕竹属，丛生型竹种（图3-20）。直径为7～12 cm，节间长35～60 cm，近实心，秆通直，材质较好，节间较长，多用于建房、围篱、编织、制筷等。

【分布地区】云南西双版纳等地，原产于缅甸、马来西亚、泰国。

【材料性能】密度：0.65～0.73 g/cm³。MOR：151～212 MPa。MOE：15.22～19.09 GPa。CS：103～127 MPa。

【缅竹重组竹性能】密度：1.00～1.20 g/cm³。MOR：252～309 MPa。MOE：28.99～36.20 GPa。CS：112～185 MPa。TSR：6.00%～6.19%，WSR：1.81%～2.21%。

图3-20　缅竹

★ 缅竹图片引自中国植物图像库，https://ppbc.iplant.cn/tu/410331，ID：410331，尤水雄拍摄。

（11）龙竹

【形态特征】龙竹 *Dendrocalamus giganteus* Wall. ex Munro，别名大麻竹，禾本科牡竹属，大型丛生型竹种（图3-21）。直径为15～30 cm，节间长30～40 cm，是适应性强、产量高、用途广的竹种，兼具材用、笋用、观赏价值。

【分布地区】中国云南东南至西南各地均有分布，台湾也有栽培。

【材料性能】密度：0.48～0.55 g/cm³。MOR：93～119 MPa。MOE：9.55～11.60 GPa。CS：43～55 MPa。

【龙竹重组竹性能】密度：1.00～1.20 g/cm³。MOR：168～279 MPa。MOE：22.09～29.19 GPa。CS：158～166 MPa。TSR：3.69%～6.44%。WSR：1.49%～4.21%。

图3-21　龙竹

★ 龙竹图片引自中国植物图像库，https://ppbc.iplant.cn/tu/644190，ID：644190，宋鼎拍摄。

（12）毛龙竹

【形态特征】[13]毛龙竹 *Dendrocalamus tomentosus* Hsueh，别名野龙竹，禾本科牡竹属，丛生型竹种（图3-22）。直径为9～12 cm，节间长29～55 cm，笋味鲜美，是开发笋用竹的竹种，竹叶也具有悠久的药用、食用历史。

【分布地区】云南南部至西南部海拔500～1000 m的地带。

【材料性能】密度：0.51～0.62 g/cm³。MOR：125～161 MPa。MOE：12.59～15.15 GPa。CS：96～114 MPa。

【毛龙竹重组竹性能】密度：1.00～1.20 g/cm³。MOR：168～277 MPa。MOE：24.33～28.07 GPa。CS：133～180 MPa。TSR：6.01%～6.48%，WSR：1.37%～2.81%。

图3-22　毛龙竹

★ 毛龙竹图片引自《望江楼竹类图志》，王道云著，四川科学技术出版社，2016。

（13）黄金竹

【形态特征】黄金竹 *Bashania yongdeensis* Yi & J. Y. Shi，别名绿皮黄筋竹，禾本科巴山木竹属，地下复轴丛生型小径竹种（图3-23）。直径为2.5～3.5 cm，节间长12～23 cm，是著名的观赏竹种，其秆及主枝呈黄色，其节间于分枝一侧之沟槽中常呈鲜绿色。

【分布地区】江苏、广东、广西、云南等地。

【材料性能】密度：0.58～0.72 g/cm^3。MOR：135～165 MPa。MOE：10.23～14.22 GPa。CS：63～91 MPa。

【黄金竹重组竹性能】密度：1.00～1.25 g/cm^3。MOR：119～174 MPa。MOE：18.95～21.61 GPa。CS：83～96 MPa。TSR：1.16%～2.98%，WSR：0.18%～1.34%。

图3-23　黄金竹

（14）绿竹

【形态特征】绿竹*Bambusa.oldhami* Munro，为禾本科簕竹属合轴丛生型竹种（图3-24）。秆高6～9 m，径5～8 cm，节间长20～30 cm。节间无毛，分枝习性高，主枝明显。笋味鲜美，为著名笋用竹种。其秆可制造家具、农具或劈篾编制竹器，或用作造纸原料。

【分布地区】浙江南部、福建、台湾、广东、广西以及海南等地。

【绿竹重组竹性能】[5]密度：1.00～1.20 g/cm^3。MOR：175～205 MPa。MOE：20.39～23.97 GPa。CS：104～122 MPa。TSR：4.80%～7.35%。WSR：1.55%～2.95%。

图3-24　绿竹

★ 绿竹图片引自中国植物图像库，https://ppbc.iplant.cn/tu/593072，ID：593072，徐锦泉拍摄。

（15）撑绿竹

【形态特征】[13]撑绿竹 *Bambusa pervariabilis* McClure × *Dendrocalamopsis daii* Keng f.是撑篙竹和大绿竹的杂交品种，为合轴丛生型竹种（图3-25）。其秆高可达12 m，直径5～8 cm，节间长20～35 cm。侧枝较多，主枝明显，具白粉，无毛。可广泛用于绿化、造纸、笋用、竹编、观赏等，市场前景广阔。

【分布地区】原产自广西，在云南、贵州、四川均有引种栽培。

【材料性能】密度：0.504～0.608 g/cm³。MOR：85～103 MPa。MOE：6.59～7.23 GPa。CS：54.70～68.94 MPa。

【撑绿竹重组竹性能】密度：1.00～1.20 g/cm³。MOR：178～325 MPa。MOE：23.46～32.17 GPa。CS：123～145 MPa。TSR：5.81%～6.31%。WSR：1.12%～1.51%。

图3-25　撑绿竹

★ 撑绿竹图片引自《望江楼竹类图志》，王道云著，四川科学技术出版社，2016。

（16）青皮竹

【形态特征】青皮竹 *Bambusa textilis* McClure，别名篾竹、地青竹、山青竹，禾本科簕竹属，合轴丛生型竹种（图3-26）。其秆高为8～10 m，径3～5 cm，节间长35～60 cm。整体通直，主枝明显，分枝较高，具白粉，无毛。可作为优质竹编、竹家具、造纸用材等。

【分布地区】原产自广东、广西，在浙江、江西有引种栽培。

【材料性能】密度：0.737～0.810 g/cm³。MOR：200～220 MPa。MOE：14.16～14.41 GPa。CS：100～115 MPa。

【青皮竹重组竹性能】密度：0.90～1.30 g/cm³。MOR：230～325 MPa。MOE：18.11～32.90 GPa。CS：105～156 MPa。TSR：2.86%～7.76%。WSR：1.16%～4.23%。

图3-26　青皮竹

3.3 不同竹种重组竹产品性能对比

24种重组竹产品的性能对比见表3-1。

表3-1　24种重组竹产品的性能对比（同一密度）

序号	竹种	散生丛生	密度（g/cm³）	静曲强度（MPa）/弹性模量（GPa）	水平剪切强度（MPa）	吸水厚度膨胀率（%）	吸水宽度膨胀率（%）
01	毛竹	散生	1.15	157/17.20	20.99	5.23	0.80
02	慈竹	丛生	1.15	262/30.17	16.10	4.70	2.38
03	麻竹	丛生	1.15	211/20.87	18.59	4.84	1.46
04	红壳竹	散生	1.15	204/21.04	17.86	8.27	1.86
05	寿竹	散生	1.15	201/21.52	19.85	5.34	1.61
06	粉单竹	丛生	1.15	214/27.60	20.48	4.46	0.50
07	巨龙竹	丛生	1.15	183/22.05	13.66	4.34	0.76
08	白夹竹	散生	1.15	241/22.48	22.37	9.87	2.07
09	云南甜竹	丛生	1.15	130/22.16	13.68	1.08	0.73
10	小叶龙竹	丛生	1.15	173/21.17	17.13	3.01	0.50
11	吊丝球竹	丛生	1.15	153/18.57	14.75	3.45	0.72
12	白节筋竹	丛生	1.15	272/30.38	25.44	6.51	1.74
13	缅竹	丛生	1.15	299/36.21	25.20	6.00	1.81
14	龙竹	丛生	1.15	262/27.41	19.77	4.31	1.60
15	毛龙竹	丛生	1.15	262/26.67	20.93	6.09	1.43
16	黄金竹	丛生	1.15	174/20.90	16.83	2.98	0.18
17	刚竹	散生	1.15	158/22.16	18.69	3.51	0.52
18	淡竹	散生	1.15	186/26.42	20.15	4.93	1.14
19	雷竹	散生	1.15	194/24.33	21.57	4.28	1.98
20	绿竹	丛生	1.15	199/23.48	19.22	4.83	1.60
21	撑绿竹	丛生	1.15	289/31.24	18.32	6.31	1.12
22	梁山慈竹	丛生	1.15	225/28.21	17.15	5.97	0.75
23	茶杆竹	散生	1.15	286/30.41	30.44	4.69	1.25
24	青皮竹	丛生	1.15	243/26.71	32.11	3.01	1.23

注：性能测试方法参照《重组竹》（GB/T 40247—2021）。

3.4 重组竹产品外观

3.4.1 颜色控制

根据实际应用场景对重组竹产品外观需求，利用不同工艺可针对产品颜色进行调整（图3-27）。通过控制热处理温度以及时间，可将重组竹产品做成原色、浅碳色、深碳色等颜色（图3-28）。

图3-27　不同颜色的重组竹产品

（a）原色

（b）浅碳色

（c）深碳色

图3-28　重组竹产品的颜色

3.4.2 表面纹理

根据实际应用场景对重组竹产品表面的粗糙度及外观需求，生产中可通过调整压制设备纹理以及表面后涂饰处理等手段给予重组竹产品特定的纹理、颜色等（图3-29）。

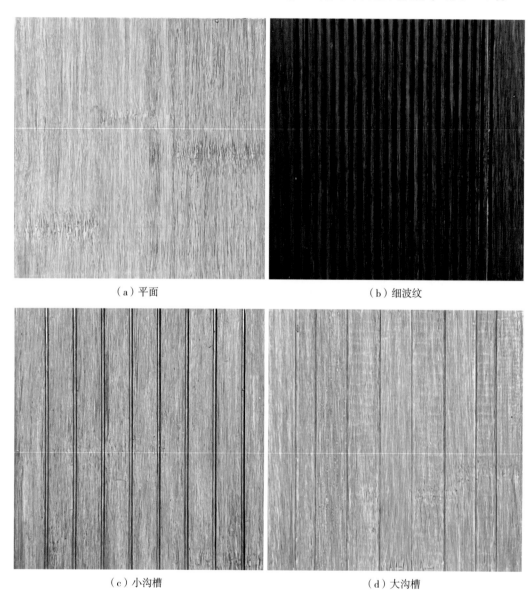

（a）平面   （b）细波纹

（c）小沟槽   （d）大沟槽

图3-29　重组竹产品的纹理

3.4.3 规格尺寸

根据实际需求，重组竹产品可被直接制成或加工成不同形状、尺寸、规格的材料。根据形态差异，可将其分为板材、方材、圆柱材、异型材等（图3-30、图3-31）。

图3-30 重组竹板材

图3-31　重组竹方材

3.4.4 密度

在宏观上，不同密度的重组竹外观基本无区别。在微观上，密度影响着重组竹内部细胞闭合程度以及胶合界面分布。在低密度下，重组竹细胞形貌与原竹相差不大。随着密度增大，竹材细胞腔体积逐渐减小，细胞被压实甚至压溃，形成细胞壁之间的新的微观胶合界面（图3-32）。

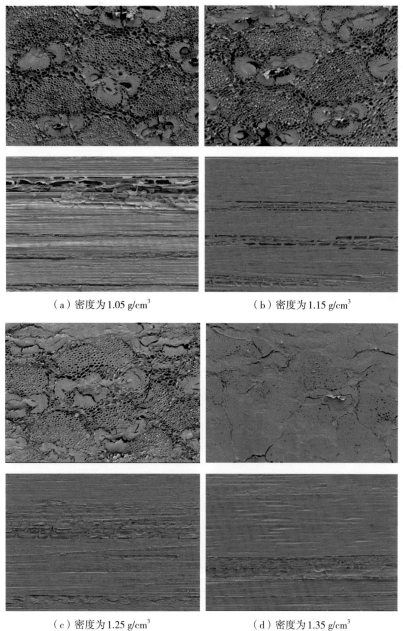

（a）密度为 1.05 g/cm³　　　　　　　　（b）密度为 1.15 g/cm³

（c）密度为 1.25 g/cm³　　　　　　　　（d）密度为 1.35 g/cm³

图3-32　不同密度的重组竹内部细胞

3.5 应用实例

图3-33　1500 kW长度40.3 m的重组竹风电叶片

项目：北京世园会——百果园

地点：北京市延庆区

完成时间：2019年

生产厂家：四川竹元科技有限公司

"百果园"是北京世园会重要专题展园之一，园中"竹钢"材料以系列作品呈现，包括了异形建筑、异形廊架等，单拱双曲线弧形廊架苹果门是以1/4个苹果为设计理念，由56根重组竹弧形梁组成，代表了我们国家56个民族。该装置单跨达27 m，单拱高达7 m。该项目获得2019年北京世界园艺博览会创意奖。

图3-34　北京世园会-百果园

项目：北京无印良品（MUJI）酒店

地点：北京市坊文化商业街区

完成时间：2018年

生产厂家：四川竹元科技有限公司

重组竹作为装饰材应用于前台与公共区域。

图3-35 北京无印良品（MUJI）酒店

项目：成都新金牛公园

地点：四川省成都市

完成时间：2021年

生产厂家：四川竹元科技有限公司

成都新金牛公园有6座建筑物（共占地1500 m²），其中5座由重组竹完成。建筑采用参数化设计预制双曲屋顶结构和大跨度胶合竹结构的施工工艺，重组竹主要应用在建筑的梁柱及屋面。

图3-36　成都新金牛公园

项目：港珠澳大桥景观平台

地点：港珠澳大桥人工岛

完成时间：2018年

生产厂家：杭州大索科技有限公司

港珠澳大桥人工岛上的景观平台全部采用了高耐户外重组竹材，使用面积2万余m²，延绵数千米。港珠澳大桥的设计、施工、建设用了当今世界跨海大桥工程领域里面最好的防腐技术、最好的材料技术和最好的施工技术。

图3-37　港珠澳大桥

项目：海心桥

地点：广东广州

完成时间：2021 年

生产厂家：杭州大索科技有限公司

海心桥是广州首条跨珠江人行桥，位于广州珠江新城 CBD 核心区，全长 488 m，主拱拱跨 198 m，桥面最大宽度为 15 m，是目前世界上跨度最大、宽度最宽的斜拱曲梁人行桥。海心桥最大的特色是弧形结构，采用重组竹完满地实现了三维曲面桥面结构的铺设。

图3-38　广州海心桥

项目：2022北京—张家口国宾山庄

地点：河北省张家口市

完成时间：2022年

生产厂家：杭州大索科技有限公司

河北省张家口市崇礼区太子城冰雪小镇国宾山庄项目是2022北京—张家口冬奥会崇礼赛区配套项目。项目的设计理念是"尊重自然、集约资源、中国风格、国际标准"，以贴近自然的低碳绿色环保重组竹作为主体材料，实现建筑与山林环境的协调，并延续至室内。重组竹主要应用在建筑屋顶与外立面，同时实现了重组竹幕墙的无缝拼接。

图3-39　国宾山庄

项目：金牛宾馆长廊

地点：四川省成都市

完成时间：2021年

生产厂家：四川竹元科技有限公司

四川金牛宾馆内，占地面积约 600 m² 的长廊完全采用重组竹参数化设计预制梁柱及屋顶结构，杆件使用了定制曲梁重组竹和直梁重组竹完成，跨度达 4.7 m，截面尺寸 150 mm × 50 mm。

图3-40　金牛宾馆长廊

项目：北京銮庆37号院四合院改造

地点：北京銮庆胡同37号

完成时间：2017年

生产厂家：四川竹元科技有限公司

重组竹作为结构材和格栅应用于四合院改造修复，建筑面积234 m²。

图3-41　銮庆37号院

项目：南昌保利大剧院

地点：南昌九龙湖新城

完成时间：2024年

生产厂家：杭州大索科技有限公司

南昌保利大剧院位于江西省南昌市红谷滩区九龙湖畔，总建筑面积45000 m^2，剧院的中心步行街的装饰材料以重组竹饰面材料为主，室内的中央通道、门厅和剧院的墙壁上，均选用了重组竹材。设计师采用了竹材作为剧场装饰的主要材料。通过错落有致的竹产品能够有效地减少回声和噪音干扰，提升观众的听觉体验。

图3-42　南昌保利大剧院

项目：三亚艾·迪逊酒店

地点：海南省三亚市

完成时间：2018年

生产厂家：杭州大索科技有限公司

本项目坐落于海南岛，沿海棠湾的热带海岸线建设而成。重组竹完美应用于热带季风性气候的地区，具有防霉、防开裂、防变形的特性，使用面积3000 m²。

图3-43　三亚艾迪逊酒店

图3-44 山东烟台滨海公园

图3-45 上海崇明岛湿地公园

项目：上海花博会复兴馆

地点：上海市崇明区

完成时间：2021年

生产厂家：浙江庄禾竹业科技有限公司

复兴馆作为花博会的永久性主场馆，位于花博园大花核心区的主轴之上，是整个花博园区的核心复兴馆的建筑总建筑面积约37240 m^2，复兴馆充分考虑到建筑的生态性及舒适性。重组竹作为屋顶装饰墙板以及格栅，使用量达到11000 m^2，达到建筑防火等级要求，同时具有防白蚁、耐腐蚀、防霉、不易变形的特点，营造出柔和的、如林中散步的空间场所。

图3-46　上海花博会"复兴馆"

项目：上海花博会竹藤馆

地点：上海市崇明区

完成时间：2021年

生产厂家：浙江庄禾竹业科技有限公司

以高性能的、新型环保的可再生复合竹材——重组竹为编织材料，7组 30 mm 宽、5 mm 厚的双层重组竹单元竖向垒叠并沿钢索网穿插排列，在交叉处围绕索网撑杆节点开企口卡接锚定，最终形成竹材与钢材双层双向穿插垒叠编织的、一体化的建构表达，用量为 3000 m²，达到防霉、防腐、防火 B1 级的要求。

图3-47　上海花博会竹藤馆

项目：苏州太湖湖滨公园项目

地点：江苏省苏州市

完成时间：2012年

生产厂家：宣城宏宇竹业有限公司

苏州太湖湖滨公园项目主要采用重组竹作为护栏与栈道，栈道面积为20000 m²，护栏长度为8000 m。

图3-48　苏州太湖湖滨公园

项目：苏州园博园项目

地点：江苏省苏州市

完成时间：2016年

生产厂家：宣城宏宇竹业有限公司

苏州园博园项目采长度为用4 m，7 m和12 m，端面为200 mm×50 mm的重组竹结构挂板，重点突破了风载安全性、结构无限接长等关键技术。

图3-49　苏州园博园项目

项目：郎酒庄园天宝洞景区项目

地点：贵州省赤水市

完成时间：2019年

生产厂家：四川华盛竹业有限责任公司

郎酒庄园天宝洞景区项目采用重组竹作为户外景观工程材料。

图3-50　天宝洞景区

项目：西安全运会灞河景观项目

地点：陕西省西安市

完成时间：2022年

生产厂家：安徽竹迹新材料科技有限公司

西安全运会灞河景观项目主要采用重组竹作为扶手与栈道。

图3-51　西安全运会灞河

图3-52　深圳前海体育场

图3-53　新疆伊宁河户外栈道

项目：长春水文化生态公园

地点：吉林省长春市

完成时间：2018年

生产厂家：杭州大索科技有限公司

长春水文化生态园林景观面积占地26.9万 m^2，园区内设计了车行路、自行车道和慢跑栈道。栈道全部由新型环保的重组竹打造，使用面积15000 m^2，重组竹很好地应用于温带大陆性季风气候的地区。

图3-54　长春水公园

项目：昭君博物院

地点：内蒙古自治区呼和浩特市

完成时间：2018年

生产厂家：四川竹元科技有限公司

国家重点工程项目——昭君博物院，是首个采用重组竹材柱梁一体化结构的大型公共建筑，开辟了重组竹材结构融入大型公共建筑之先河，入口雨棚采用重组竹材作为结构材，通过伞骨结构和正负锥形的桁架结构形式提高了建筑结构的整体稳定性。

图3-55　昭君博物院

项目：中国工程物理研究院项目

地点：四川省成都市

完成时间：2015年

生产厂家：四川华盛竹业有限责任公司

中国工程物理研究院项目采用重组竹作为树池花箱的铺面材料，并大量使用竹铝复合材料作为门窗装饰材料。

图3-56　中国核物理研究院

图3-57　重组竹城市景观护栏

图3-58　重组竹公共空间

图3-59　重组竹家具

图3-60　重组竹交通护栏

图3-61　重组竹楼梯

参考文献

[1] 于文吉. 我国重组材料科学技术发展现状与趋势[J]. 木材科学与技术, 2023, 37(1): 1–7.

[2] 余养伦. 高性能竹基纤维复合材料制造技术及机理研究[D]. 北京: 中国林业科学研究院, 2014.

[3] 王道云. 望江楼竹类图志[M]. 成都: 四川科学技术出版社, 2016.

[4] ZHANG Y H，HUANG Y X，MA H X, et al. Effect of different pressing processes and density on dimensional stability and mechanical properties of bamboo fiber–based composites[J]. Journal of the Korean Wood Science and Technology, 2018, 46(4):355–361.

[5] 孟凡丹. 纤维化竹单板重组材的制造工艺及性能研究[D]. 哈尔滨: 东北林业大学, 2011.

[6] 张亚慧, 孟凡丹, 于文吉. 白夹竹和寿竹制备竹基纤维复合材料初探[J]. 中国人造板, 2013, 20(1): 13–16.

[7] 于文吉, 余养伦, 周月, 等. 小径竹重组结构材料性能影响因子的研究[J]. 林产工业, 2006, 33(6): 24–28.

[8] 柳凌燕. 不同年龄茶秆竹和橄榄竹竹材物理力学性质的比较研究[D]. 福州: 福建农林大学, 2018.

[9] ZHANG Y，YU W，KIM N，et al. Mechanical Performance and Dimensional Stability of Bamboo Fiber–Based Composite[J]. Polymers, 2021(13): 1372.

[10] 齐锦秋, 于文吉, 黄兴彦, 等. 梁山慈竹重组竹材密度对其微观形态及性能的影响[J]. 木材工业, 2013, 27(6): 25–28.

[11] 张亚梅, 于文吉. 麻竹制备竹基纤维复合材料的性能初探[J]. 林产工业, 2016, 43(4): 16–18.

[12] 黄俊杰, 谭敬尹, 胡传双, 等. 广东省4个竹种物理力学性能研究[J]. 林产工业, 2023, 60(4): 25–32.

[13] 朱石麟. 中国竹类植物图志[M]. 北京: 中国林业出版社, 1994.

后　记

历经近两年的辛勤耕耘，我的首部主导编著之作——《中国重组材料图谱》，终于得以面世。对我而言，这不仅仅是一本书的诞生，更是内心无数次挣扎与喜悦交织的成果。一直以来，我对写作出版抱有既敬畏又为难的复杂情感。在我心中，写书是一项极为重大且神圣的使命，它承载着知识与智慧的传递，是对专业深度与广度的极致考验。因此，我常常自省，担忧自己是否已具备足够的资历与才华，能否将这份厚重的责任扛在肩上。然而，正是这份对完美的追求与对自我的严格要求，驱使我不断前行，在无数个日夜倾注心血，反复雕琢每一个细节。如今，当这本书真正呈现在世人面前时，我深感欣慰与自豪，这是对未来继续探索与创作的鼓舞。

这本书的诞生，首先要归功于中国林业科学研究院木材所的傅峰所长。多年来，傅所长始终不渝地致力于木材所历史与文化的挖掘与整理，他的执着与热情深深感染了我。正是在这一过程中，我有幸目睹了唐燿先生70年前编著的一部著作，那瞬间，我仿佛被一股无形的力量触动。我意识到，自己多年来在重组材料研究领域所积累的宝贵资料与图谱，不应仅仅尘封于实验室的角落，而应通过出版的方式，让更多人认识并了解这一领域。这不仅是对自己研究成果的一种总结与呈现，更是一项科普工作，旨在拓宽公众的视野，激发他们对重组材料的兴趣与关注。

在过去20余年里，我深耕于重组材料的研究领域，自2003年起，有幸前往美国与许仲允先生开展合作研究。在许先生的悉心指导下，我迈出了重组木和重组竹研究的第一步。回国后，我紧密结合国内实际需求，率先开展了重组竹的研究，创新性地提出了竹材不去青黄直接疏解的思路，并在国家"863"项目的鼎力支持下，在高性能竹基纤维复合材料制造技术上取得了重大突破，并于2015年荣获国家科技进步二等奖。与此同时，2008年前后启动了重组木的研究，提出了采用旋切单元疏解或不疏解进行重组的新颖思路，并最终成功实现了产业化。如今，重组材料体系已日臻完善，主要形成了重组竹和重组木两大类别。在国内已建成了100余条生产线，彰显了重组材料在国内市场的广阔前景与无限潜力。更令人自豪的是，在这一领域内，我们的研究与技术已跻身国际领先水平，为全球重组材料的发展贡献了中国智慧与中国力量。

在不懈的研究与推广进程中，我们开展了24种竹类与24种树种重组工业化利用的生产试验，这些材种经过创新的重组工艺，蜕变成为新颖独特的高性能木质材料。令人惊奇的是，重组材料不仅在力学强度、尺寸稳定性和耐候性等方面都得到显著提升，其径切面、弦切面和横切面都展现出与原生树种截然不同的纹理——它们既自然又迷人，每一道纹理都仿佛在诉说着新的故事。这些重组材料的纹理与色彩，不仅令人眼前一亮，更赢得了消费者的广泛喜爱。为此，我们特地将精心拍摄的各种图片整理汇编，旨在让未来的科研工作者与消费者能够更全面、更系统地了解重组材料的独特纹理与卓越特性。

在图谱前期的整理与收集过程中，张亚慧博士付出了非常辛苦的劳动，潘大卫博士和张少迪博士也协助整理了大量资料，我向他们表示衷心的感谢！此外，重组材料研究凝聚着全体团队成员的智慧与汗水。在此，感谢他们的辛勤劳动与卓越贡献！正是有了他们的支持与合作，我们才能在重组材料研究领域取得今天的成就。

在长达20余年的重组材料研究征途中，我们得到了来自社会各界，尤其是众多领导、杰出科研人员及企业家的鼎力支持。其中，李坚院士以其深厚的学术造诣和前瞻性的视野，为我们提供了宝贵的指导；已故的张齐生院士与许仲允先生，他们的关怀、帮助与鼓励，如同灯塔般照亮了我们前行的道路，对此，我们深怀感激并铭记于心。在此，我们向这三位尊敬的前辈致以最诚挚的谢意！

同时，我们也向林海董事长、顾学良董事长等一众企业家表达衷心的感谢。多年来，他们不仅给予了我们坚定的信任与持续的支持，更以其卓越的领导力和对重组材料事业的深切热爱，为推动该领域的进步与发展做出了不可磨灭的贡献。我们深感荣幸能与这样一群有远见、有担当的企业家并肩作战，共同书写重组材料事业的辉煌篇章。再次感谢他们的付出与支持！

在本书的出版过程中，我们得到了来自海南横禧木环保科技有限公司、山东京博木基材料有限公司、四川竹元科技有限公司、宣城宏宇竹业有限公司、安徽竹迹新材料科技有限公司、浙江房桥交通设施有限公司、浙江大庄实业集团有限公司、浙江佳禾竹业科技有限公司、浙江永裕竹业发展有限公司、四川华盛竹业有限责任公司等多家重组材料企业的鼎力支持。这些企业不仅为我们提供了丰富而珍贵的图片素材和实际应用案例。在此，我们向所有参与和支持本书出版的重组材料企业表示最真诚的感谢！

展望未来，我坚信重组材料领域仍拥有广阔的发展空间与无限可能，我将继续怀揣初心与热情，与团队一道，不断攀登新的高峰，为重组材料的繁荣与发展贡献力量。

于文吉

2024年末于北京